Image © Aveline Stokart

# 每賣一本書<br>就種一棵樹

## 編者的承諾

英國 3dtotal 出版社（3dtotal Publishing，本書編者暨原出版社）向讀者承諾，自 2020 年起，每次賣出一本書，就會種下一棵樹。為履行此承諾，3dtotal 將和推展植樹造林的慈善機構合作，並且捐贈適當金額給相關單位。3dtotal 的終極目標，是追求發行零碳排放的「碳中和」出版物，並希望能成為一家零碳排的「碳中和」出版商，這將是邁向該目標的第一步。希望讓客戶知道，只要你購買 3dtotal 推出的書，你就能共襄盛舉，一同減低出版業、運輸業和零售業對環境所造成的傷害。

**3dtotal**Publishing

# 向藝術大師學 Procreate

## 有 iPad 就能畫！初學者也能上手的 Procreate 插畫課

Beginner's Guide to Digital Painting in Procreate® : How to Create Art on an iPad®

作　　者／3dtotal Publishing 編著
翻譯著作人／旗標科技股份有限公司
發 行 所／旗標科技股份有限公司
　　　　　台北市杭州南路一段15-1號19樓
電　　話／(02)2396-3257(代表號)
傳　　真／(02)2321-2545
劃撥帳號／1332727-9
帳　　戶／旗標科技股份有限公司
監　　督／陳彥發
執行企劃／蘇曉琪
執行編輯／蘇曉琪
美術編輯／林美麗
封面設計／林美麗
校　　對／蘇曉琪

新台幣售價：630 元
西元 2023 年 8 月 初版 8 刷
行政院新聞局核准登記-局版台業字第 4512 號
ISBN 978-986-312-663-8


國家圖書館出版品預行編目資料

向藝術大師學 Procreate：有 iPad 就能畫！初學者也能上手的 Procreate 插畫課 / 3dtotal Publishing 編著 / 吳郁芸 譯 / Nuomi 諾米 審訂 -- 初版. -- 臺北市：旗標, 2021.06　面；公分
譯自：Beginner's Guide to Digital Painting in Procreate: How to Create Art on an iPad

ISBN 978-986-312-663-8

1. 電腦繪圖　2. 繪畫技法

312.86　　110002886

**封面設計**：Joseph Cartwright
**封面刊登作品 (左上角起，依順時針方向排列)**：
© Aveline Stokart　© Simone Grünewald
© Sam Nassour　© Dominik Mayer
© Samuel Inkiläinen　© Nicholas Kole
© Max Ulichney
**封面中央 & 封底刊登作品**：© Izzy Burton

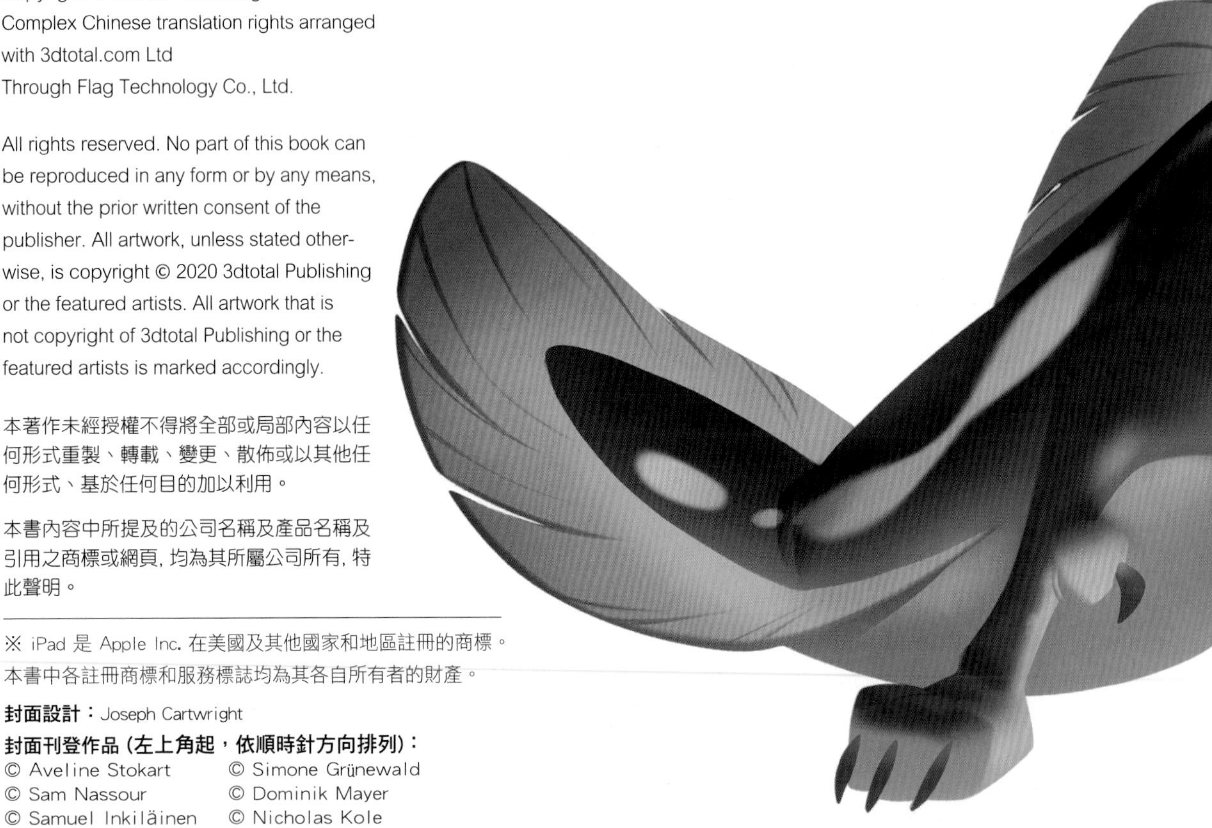
Image © Nicholas Kole

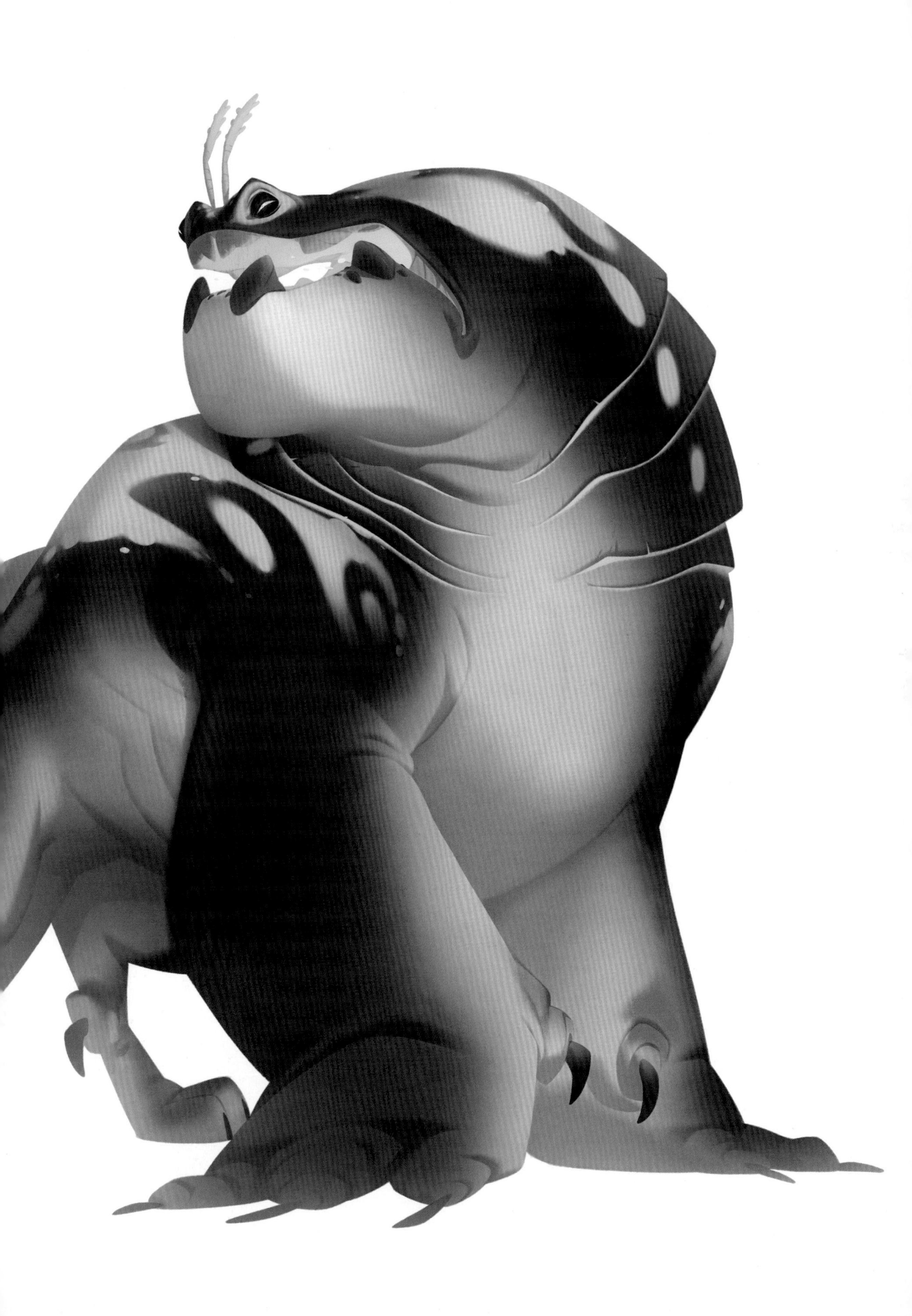

# 目錄

# 序

## 盧卡斯・沛納多 (LUCAS PEINADOR)

歡迎進入 Procreate 的世界！無論你是數位繪畫的新手，還是擅長使用 Photoshop 等繪圖軟體畫畫的高手，都非常適合透過這本書，體驗一下用 Procreate 創作的樂趣！

首先為你介紹 Procreate 這個 App，它是專門為 iPad 和 Apple Pencil 的使用者所設計的數位繪圖應用程式（除了 iPad 版，也有推出供 iPhone 使用的 Procreate Pocket App）。開發出 Procreate 的是 Savage Interactive 公司，他們深入研究了藝術工作者的需求，希望讓使用者在 CG（電腦繪圖）領域發揮創意，因此打造出這套軟體。對數位繪圖工作者來說，這是一套可激發靈感的軟體，可以光憑直覺在 iPad 上盡情創作。

Procreate 具備簡單易用的選單以及反應快速的手勢控制，它將提供你創作所需的所有工具。你只要動動手指，就可以創造令人驚豔的藝術作品。而且 Procreate 的價格很實惠（譯註：新台幣 330 元），是所有 iPad 使用者都負擔得起的平價 App，因此已成為插畫界與遊戲業界愛用的繪圖軟體。

Procreate 是 Apple 裝置專屬的 App，你只需付費一次，即可在 App Store 內購買到這個 App。有了它，無論你是窩在家裡、搭公車時，或是沐浴在戶外的陽光下時，都能拿起你的 iPad 來動手畫畫，它將是你最理想的創作方式。

© Matias Arturo Pan Amoedo

▲ 用 Procreate 在 iPad 上畫畫

### 選擇最適合的繪圖工具

Procreate 可搭配 Apple Pencil 或其他廠牌的觸控筆一起使用（依 iPad 支援度而異）。Apple Pencil 是專業藝術家的首選工具，它具備高階的感壓和傾斜度偵測功能，可創造出各種模擬傳統繪畫媒材的筆觸和特效，因此能呈現出最佳的繪圖效果。假如要把 Procreate 的繪畫功能發揮得淋漓盡致，建議大家不妨在自己的能力範圍內，選購一枝 Apple Pencil 吧。

# 什麼是數位繪畫？

如果你是第一次接觸 CG（電腦繪圖）的朋友，不用擔心，以下將簡單介紹一下數位繪畫的基本概念，幫你做好準備，迎接在螢幕上畫畫的初體驗。

數位繪畫（尤其是使用 Procreate 之類的繪畫軟體）與使用傳統媒材繪畫有很多相似的地方，但是工作流程大不相同。最明顯的差異，就是數位繪畫作品通常會建立在許多「圖層（layer）」裡。舉例來說，同樣是一張人像畫，傳統媒材是全部畫在一張紙上；而數位繪畫則會將皮膚、五官、衣服等元素分別畫在不同「圖層」中。

在分層繪圖時，可以選擇不同圖層之間要如何混合；也可以替圖層加上遮罩，以獨立繪製某個區域。這樣一來，可以把一張作品的不同階段、不同部分放在專屬圖層處理，修改會更方便，因此能節省時間，讓你更專注在創作上。

使用 Procreate 時，有各式各樣的筆刷可用來繪畫，還能改變筆尖的形狀來設計自己的筆刷，調整圖像也很輕鬆。這些功能充分反映出這是一種更靈活、便捷的創作方式。Procreate 最棒的優勢，就是讓你在 iPad 中擁有數不清的繪圖工具和色彩可以運用，當你在繁忙的環境中創作、或是在外出旅行的途中，這會是你最理想的繪圖工具，你不必擔心如何攜帶和清潔各類畫筆，也不用怕把畫紙弄壞，只要打開 iPad 即可隨時創作。

剛開始要在螢幕上畫畫，你可能會覺得不知所措，不過 Procreate 直覺式的設定會讓你輕鬆上手、甚至樂在其中！如果你能熟悉這套應用程式並花點工夫苦練繪畫，這會是你邁向成功的關鍵。因此請你馬上翻閱本書，你將了解如何獲得更多的 Procreate 使用知識，讓你的數位繪畫之旅更加豐富多彩。

Final image © Aveline Stokart

# 如何使用本書

本書的編輯團隊與許多才華洋溢的業界專業人士以及藝術家們合作，共同編寫出這本書，因此它是一本專為創意工作者和 Procreate 的新手量身打造的好書。建議各位一開始要先閱讀本書最前面的入門章節，例如「開始畫吧」(p.12) 會簡介 Procreate 的使用者介面，說明如何建立與組織圖檔。在「開始畫吧」之後的各單元，將會帶你深入探索 Procreate 的各種繪圖功能，包括：手勢、筆刷、顏色、圖層、選取、變形、調整和操作等。

本書的每一章都會帶著你去了解 Procreate 的基本知識，包括繪畫時會用到的各種手勢、工具和技術，以及要怎麼將它們與你自己的個人工作流程結合。請仔細閱讀每一章，並嘗試去運用不同的工具，以達到最理想的繪圖效果。

在你讀完入門章節並充分掌握基本知識後，即可進入下個階段，也就是實戰演練。本書安排了八個完整的 Procreate 繪圖專案實戰 (p.72)，這些專案包含了不同的主題、畫風和技法，並且會一步步示範如何用 Procreate 從零開始完成插畫。每個繪圖專案的開頭，都會幫你整理出學習目標列表，告訴你在這個專案的練習過程中可學到那些創意技法。

在本書入門與專案實戰的各章中，還會穿插「插畫家獨門秘技」專欄，提供插畫家本人的繪圖建議與創意觀點，讓你收穫滿滿！在本書最後，還有實用的 PROCREATE 功能索引，你可以根據需要隨時參考。

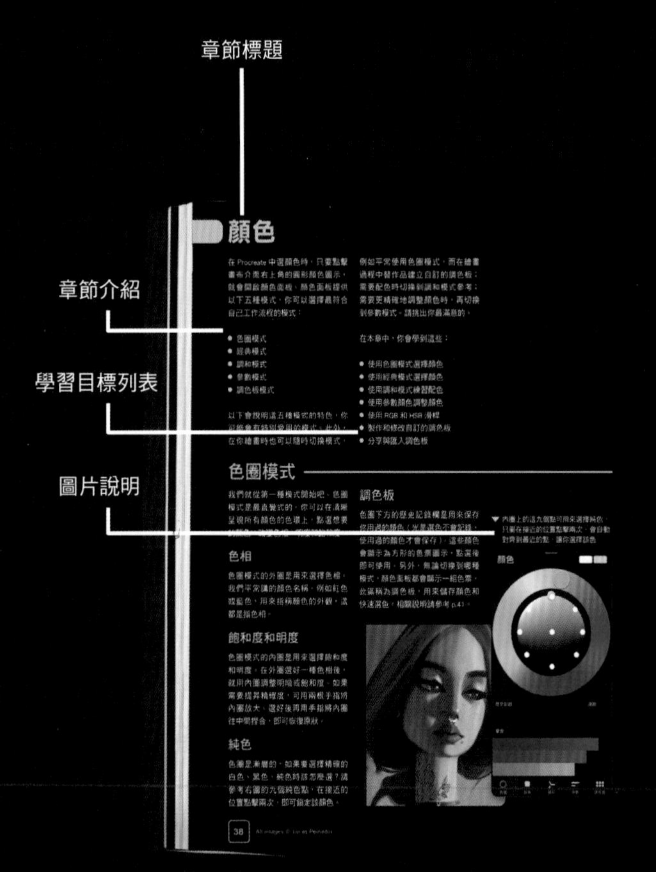

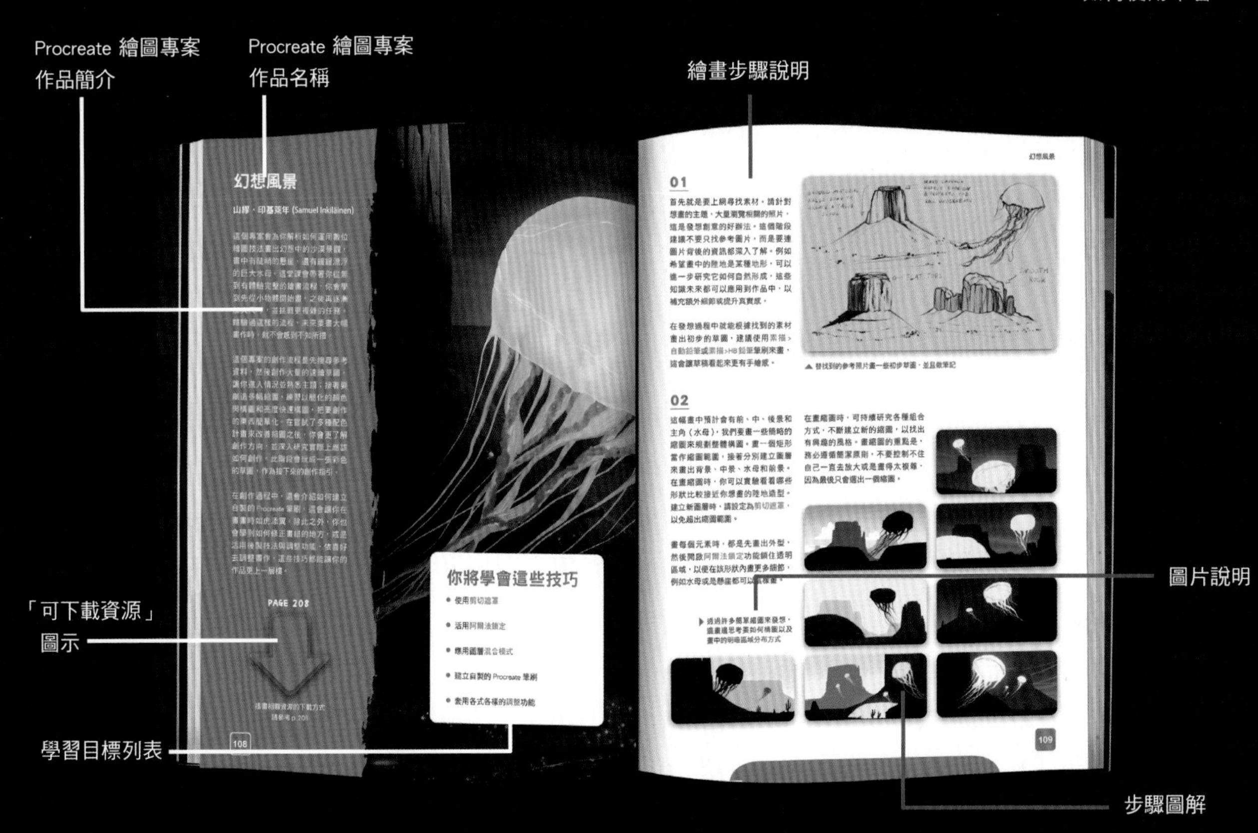


## 可下載資源

許多位優秀的藝術家有參與本書的編寫，他們也提供許多可下載資源，供讀者免費下載，以利學習和參考。因此本書最後就為大家整理了相關資源列表（請參閱 p.208 的說明），其中包括藝術家們在創作中曾使用的自製筆刷、部分 Procreate 專案的縮時影片與草稿。在練習每個專案之前，建議先下載這些檔案來參考。只要是有提供可下載資源的章節，就會標示出如右圖的箭頭圖示。

PAGE 208

▶ 如果看到這個箭頭圖示，就表示作者有提供可下載資源

## 觸控螢幕手勢

我們平常使用 iPad 時，可以用手勢輔助操作，例如點一下、滑動等。同樣地，在 Procreate 也可用手勢來執行特定行動，例如要回到上一步（undo）時，只要同時用兩指點擊螢幕即可。為了幫助你快速學習並充分運用手勢操作，本書中將使用以下符號來說明需要做什麼手勢。

用一根手指點擊並按住螢幕

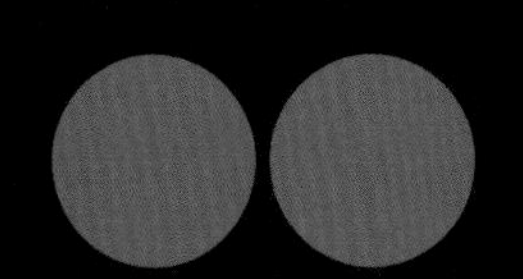
用兩根手指點擊並按住螢幕

滑動

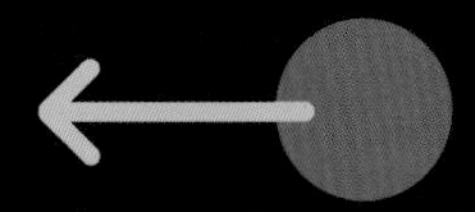
用手指按住同時滑動

# 開始畫吧

看到這裡，你應該已經知道與本書最相關的硬體就是 iPad，而軟體則是 Procreate。接著我們就來探索 Procreate 這套軟體吧！準備去運用它的功能，透過點擊、滑動，畫出你自己的創意作品吧！

這一節會帶著你開始操作軟體，你會發現許多建立專案時需要的實用功能與技術，包括如何建立作品、如何使用快捷靈巧的手勢操作，以及筆刷、色彩、圖層、濾鏡等等功能，所有資訊一應俱全，讓你可以充分發揮自己的創造力。你甚至可以自訂許多項目，讓 Procreate 更加符合你的繪畫習慣與使用需求。

所以，現在趕快拿出你的 iPad，跟著以下內容一邊學習一邊操作吧，這是我們為你精心規劃的 Procreate 實務特訓。等你全部練習之後，未來還是可以隨時翻回來查閱需要的內容。等你越來越熟練，或許某天就能畫出令人嘆為觀止的藝術作品！

調色板
攀登
預設
營火
設為預設值
花體
設為預設值
色圈
經典
調和
參數
調色板
Tank Downhill
Bang
風景練習

# 使用者介面

在本章中，你會學到這些：

- 認識使用者介面中的主要元素
- 認識「作品集」與「畫布」

Procreate 的使用者介面（UI）有各種選單、圖示和按鈕。當你第一次打開 Procreate，會看到一個已經有許多作品的畫面，這裡稱為作品集，儲存了 Procreate 中所有的專案。若你是第一次打開軟體，由於還沒有任何專案，所以只會顯示 Procreate 提供的參考範例。未來你就可以在作品集這個空間中建立與整理自己創作的作品專案。

作品集的左上角是 Procreate 標誌，點擊它即可檢查目前的軟體版本※。Procreate 會不定期發布更新版本，因此請記得要常常更新這個 app。

作品集的右上角有 4 個選項，分別是選取（可選取作品集中的專案來編輯）、匯入（可從 iPad 或網路空間匯入檔案）、照片（可匯入 iPad 中的照片）以及右上角的「＋」鈕。按一下「＋」鈕即可建立新畫布。

在 Procreate 中用來創作的畫面稱為「畫布」，每當你要創作新專案時，第一步就是按「＋」鈕建立新畫布，接著會出現新畫布面板，讓你設定需要的尺寸。你可以依自己的創作習慣使用直向或橫向的畫布，只要解除 iPad 的螢幕旋轉鎖定功能，將螢幕擺成自己需要的方向，新畫布面板中提供的尺寸數值會自動配合你的螢幕方向調整。

※編註：本書所使用的 Procreate 版本是 Procreate 5X，若你使用的版本不同，介面上的項目或位置可能會有所差異。建議你先將 Procreate 更新到 5X 版。

▼ 在作品集畫面按「＋」鈕會開啟新畫布面板，下圖是橫向螢幕的建議設定。若將螢幕轉成直向，建議設定的數值也會自動變更

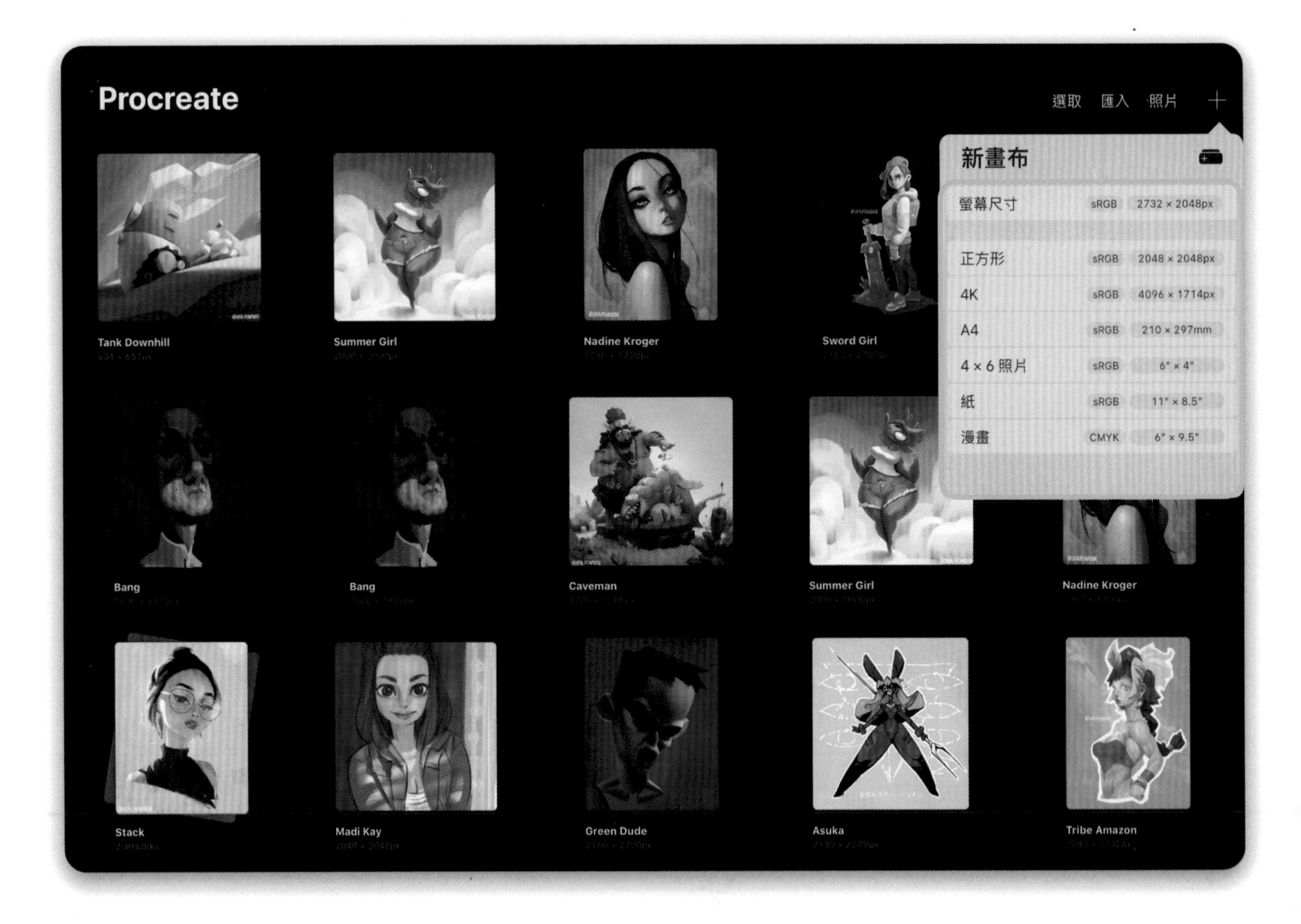

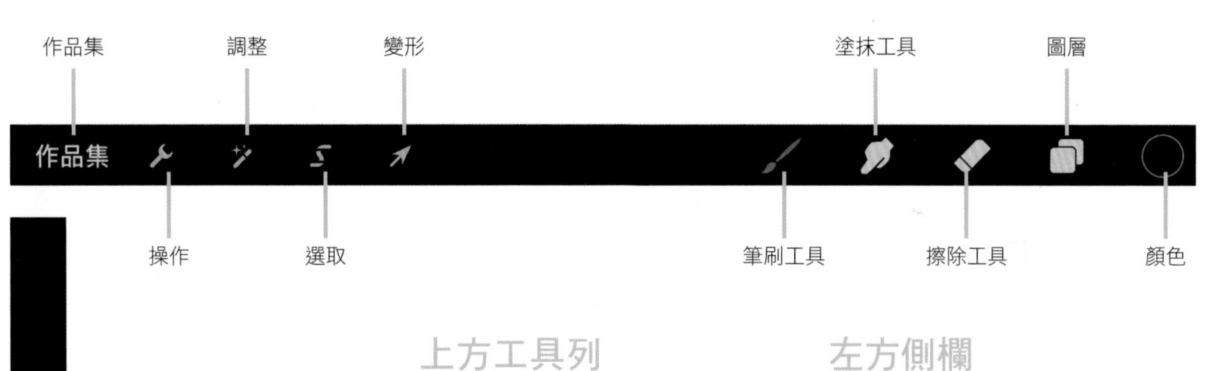


▲ 進入畫布的介面後，你可以找到畫圖所需的所有工具

## 上方工具列

進入畫布後，就會在畫面上方以及左側看到可用的工具。

上方工具列的左側包含**作品集**鈕，按一下可回到作品集畫面；其他還有**操作**、**調整**、**選取**、**變形**這 4 個項目，按下後都會開啟更多功能。稍後將會詳細說明這些項目。

上方工具列的右側，有**筆刷工具**、**塗抹工具**和**擦除工具**的圖示，按下後都會開啟筆刷庫來設定筆刷。最右邊是**圖層**和**顏色**，點擊**圖層**鈕會開啟圖層面板，點擊**顏色**鈕會出現顏色面板，關於這些項目，之後的相關章節會說明更詳細的設定內容。

## 左方側欄

左方側欄※有 5 個重要功能，從上到下分別是**筆刷尺寸滑桿**（可控制筆刷的筆尖大小）、中間的**修改鈕**、**筆刷透明度滑桿**（可控制筆刷的透明度）等，稍後會分別說明。下方還有**撤銷鈕**（Undo）與**重做鈕**（Redo），讓你可以往前回到上一步或重做下一個步驟。

※ 編註：Procreate 預設介面是為慣用右手的使用者設計，預設使用者會以右手拿筆畫圖、以左手在左方側欄調整筆刷的尺寸與透明度。若你是慣用左手者，可設定成相反的介面（以左手拿筆、改以右手調整大小），讓自己更加順手。請參考 p.31 的說明來調整。

# 基本設定

現在你應該已經熟悉了 Procreate 的基本介面，接下來我們要仔細研究如何設定你要使用的新畫布、以及該怎麼整理作品集中的專案。

在本章中，你會學到這些：

- 建立新畫布
- 在作品集中刪除、複製、分享專案
- 選擇專案的檔案類型
- 將專案重新排列或組成堆疊
- 學習在作品集中不用打開專案就能預覽的快速瀏覽方法
- 選擇多個專案來批次執行動作

Nadine Kroger
1080 × 1350px

## 建立新畫布

### 預設尺寸

在 Procreate 中，有幾種方法可建立新畫布，要建立空白畫布時，點擊作品集畫面右上角的「＋」鈕，就會出現新畫布面板。面板中會提供多種預設尺寸，例如正方形或 A4。

如果預設尺寸中的項目正好符合你的需求，只需點擊項目，即可建立指定大小的畫布。

### 自訂畫布

如果預設尺寸都不符合你的需求，你也可以自訂畫布。請在「新畫布」面板按右上角的 ⊞ 鈕，就會開啟自訂畫布面板，讓你自行設定畫布寬度、高度和 DPI（解析度）※ 等。如果點擊上面的無標題畫布項目，可替這個自訂尺寸命名，下次建立新畫布時，之前儲存過的自訂畫布尺寸就會成為預設選項之一。

### 匯入檔案與照片

如果不想從空白的畫布開始創作，也可將檔案或照片匯入 Procreate 中使用。同樣在作品集畫面的右上方，點擊匯入項目，會開啟 iPad 的檔案瀏覽器，可從 iPad 本機或 iCloud、Dropbox 等雲端硬碟匯入檔案。

若在作品集畫面的右上方點擊照片項目，可匯入 iPad 裡的照片，例如用 iPad 拍攝的螢幕截圖或照片等，都可以用這個方法匯入。

以上述這兩個選項匯入時，還有個更快速的方法，就是在 iPad 上同時開啟 Procreate 和其他程式的視窗，將檔案拖曳到 Procreate 的作品集中即可。匯入後，就可以用該檔案或照片建立一個新畫布。

Caveman
1280 × 1280px

Green Dude
2160 × 2700px

※編註：在 Procreate 中，可使用的圖層數量會依畫布尺寸與解析度而異，因此在你更改設定時，下方也會同步顯示「最多圖層」的數量供你參考。

▼ 點擊「＋」圖示即可開啟新畫布面板；點擊新畫布面板右上角的圖示，即可自訂畫布

Sword Girl
2160 × 2700px

| 新畫布 | | |
|---|---|---|
| 螢幕尺寸 | sRGB | 2732 × 2048px |
| 正方形 | sRGB | 2048 × 2048px |
| 4K | sRGB | 4096 × 1714px |
| A4 | sRGB | 210 × 297mm |
| 4 × 6 照片 | sRGB | 6″ × 4″ |
| 紙 | sRGB | 11″ × 8.5″ |
| 漫畫 | CMYK | 6″ × 9.5″ |

| 新畫布 | | |
|---|---|---|
| 螢幕尺寸 | sRGB | 2732 × 2048px |
| 正方形 | sRGB | 2048 × 2048px |
| 4K | sRGB | 4096 × 1714px |
| A4 | sRGB | 210 × 297mm |
| 4 × 6 照片 | sRGB | 6″ × 4″ |
| 紙 | sRGB | 11″ × 8.5″ |
| 漫畫 | CMYK | 6″ × 9.5″ |
| Full HD | sRGB | 1920 × 1080px |
| 大頭貼 | sRGB | 1200 × 1200px |

▲ 你可以自訂最常用的畫布尺寸，儲存後就會出現在新畫布面板，以便下次使用

自訂畫布　大頭貼　取消　建立

規格
顏色配置
縮時設定
畫布屬性

| | |
|---|---|
| 寬度 | 1200 px |
| 高度 | 1200 px |
| DPI | 132 |

Asuka
2130 × 2279px

## 建立自己的預設集

Procreate 會自動儲存你製作出來的每個自訂畫布尺寸，因此如果你能預先建立出一系列的自訂常用尺寸，並且幫它們命名與儲存，用起來會更方便！因為這樣一來，每次你要開始畫新作品時，就可以節省重設尺寸的時間，特別是如果你有慣用的畫布尺寸，可建立自己的預設集，以提升工作效率。

# 刪除、複製和分享專案

在作品集畫面中，要刪除、複製或分享專案都很簡單。只要
在專案的縮圖上，用手指向左滑動，就會顯示這三個選項。

## 刪除專案

按刪除就會刪掉這個專案。建議你務必要養成備份 iPad 檔案的習慣，因為已刪除的檔案會無法恢復喔！

## 複製專案

按複製就會建立專案的副本。當你想要大幅修改畫作，或是想要保留專案的不同版本，就可以活用這個選項。

## 分享專案

按分享就能以各種格式匯出專案。以下就詳細介紹這些格式。

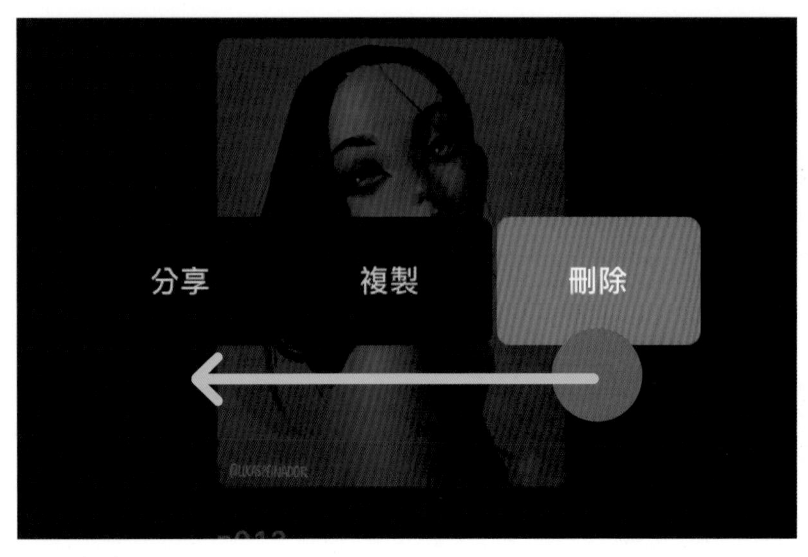


▲ 用手指往左滑，就能刪除、複製或分享專案

# PROCREATE 支援的圖像格式

Procreate 的專案都有它自己原始的格式，但也可以轉存為許多種不同的圖像格式，以便和其他軟體相容，例如 Photoshop 適用的 PSD 格式等。以下說明有哪些可用的圖像格式，以及這些格式建議的用途。

## PROCREATE

Procreate 專案的原始檔案格式就是 PROCREATE，如果你希望可以再次在 Procreate 裡開啟這個專案並繼續編輯，就要匯出為 PROCREATE 格式。只要儲存為這種格式，不僅可以保留所有圖層，還會記錄創作過程的縮時影片（此功能將會在 p.66 的操作章節中詳加介紹）。

## PSD 與 TIFF

除了 PROCREATE 外，只有 PSD 和 TIFF 可支援圖層功能。因此，若你想要保留圖層資訊並在其他軟體裡編輯分層檔案，請使用這兩種格式。

## PDF

若你需要把專案作品列印出來，選 PDF 格式就對了！

## JPEG 與 PNG

如果希望以數位圖檔來分享檔案，例如轉貼到網路上，選 JPEG 或 PNG 效果最佳。這兩者的差異是，JPEG 不支援透明背景，而 PNG 可以支援透明背景，因此，如果要存成去背的圖片，請匯出為 PNG 格式。

## 縮時影片

使用 Procreate 的一大優點，是會自動錄製繪畫過程，並且可以將此繪畫過程直接匯出為縮時影片（影片的格式為 mp4）。

## 逐格動畫

Procreate 也可以製作動畫（方法是在操作選單開啟動畫輔助功能，即可製作逐格動畫）。動畫完成後，可匯出為以下動畫格式：

- 動畫 GIF：可支援各種瀏覽器。
- 動畫 PNG：品質比 GIF 好，但是並非所有瀏覽器都支援此格式。
- 動畫 MP4：如果要將動畫匯出為影片，建議選擇此格式（但無法支援透明背景）。

▼ 在專案上往左滑、按下分享鈕即可開啟圖像格式選單，可匯出為多種圖像檔案

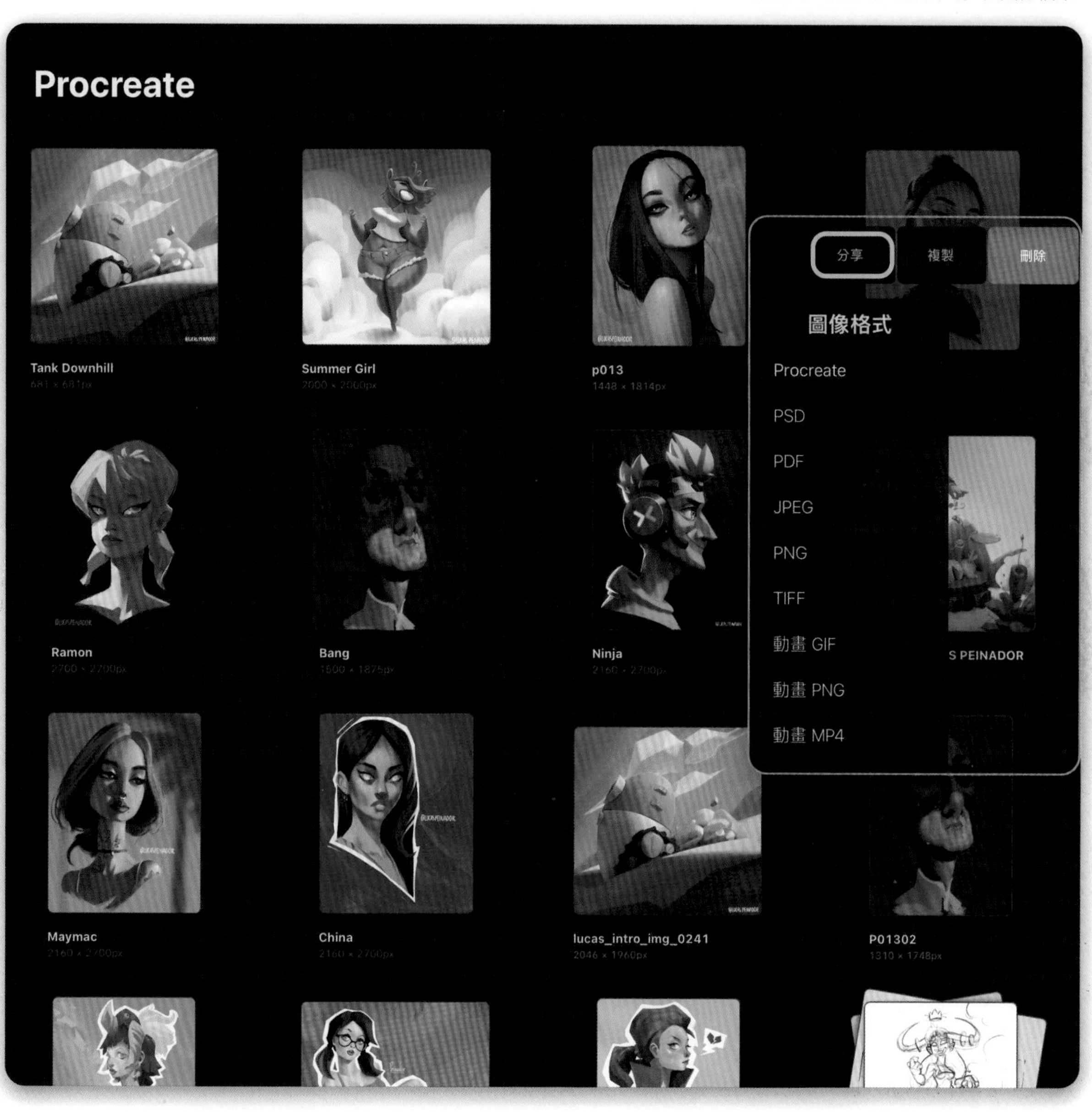

# 整理專案與重新命名

在你陸續創作出幾幅作品後，你的作品集畫面可能會變得有些雜亂。這時候就可以著手整理檔案，方法非常簡單，你可以將專案重新排列或重新命名，也可以將具有關聯的多個專案建立成一個堆疊（群組）。

## 排列專案與建立堆疊

要在作品集中改變專案的順序時，只需按住專案的縮圖，把它拖曳到想要的位置，即可重新定位。

想將作品集整理得更簡潔嗎？有個妙招就是建立堆疊。方法是先按住一個專案，再拖曳到另一個專案上即可。建立成堆疊可以把多個專案當做同一個來管理。如果要將專案移出堆疊，只要在堆疊內按住專案、拖曳到畫面左上角即可退出堆疊、放回到作品集畫面。

## 重新命名檔案

想要重新命名檔案或堆疊時，只需點擊檔案或堆疊的名稱，就會自動顯示出鍵盤，讓你變更名稱。

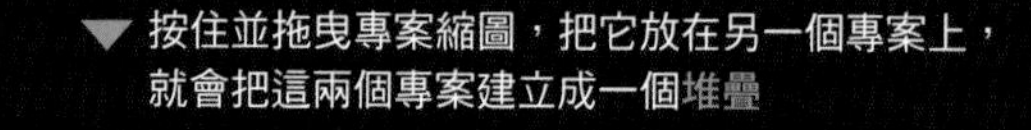

▼ 按住並拖曳專案縮圖，把它放在另一個專案上，就會把這兩個專案建立成一個堆疊

Nadine Kroger
1080 × 1350px

Mayma 3

Ramon
2700 × 2700px

Caveman
1280 × 1280px

China
2160 × 2700px

Madi Kay
2048 × 2048px

Green Dude
2160 × 2700px

# 預覽專案

使用預覽模式的好處是，不必開啟專案就能預覽內容，而且還可以用全螢幕的狀態來觀看。舉例來說，當你想要用幻燈片的方式快速切換瀏覽作品集中的每個專案，用預覽的方式是最方便的！

要預覽專案時，請在作品集中操作。直接用兩根手指將專案縮圖拉大，就會以全螢幕來展示該專案的預覽畫面。接著可以用手指向左或向右滑動，切換至前一個或下一個專案。若你只想展示指定的某幾個專案，可先將它們建立成堆疊，接著進入該堆疊、用兩指拉大縮圖來預覽，這樣就可以只預覽堆疊裡的專案。

▶ 用兩指拉大專案縮圖即可開啟預覽模式，無需開啟專案

## 活用堆疊來整理作品集

▼ 將作品整理成堆疊，就可以分類歸納、快速尋找作品

堆疊有分組整理的功能，因此我們可以活用堆疊來整理作品集，例如你可以建立「未完成的作品」、「人像畫」、「風景練習」等類別專屬的堆疊，即可分類管理作品。

再舉一例，你也可以建立「草圖」和「完稿」專用的堆疊，活用這個方法可以讓作品集變得井然有序，尋找作品時也會變得很有效率。

## 選取

選取　匯入　照片　＋

需要同時選取多個專案來執行操作時，可使用作品集畫面右上方的選取按鈕。點選它之後，所有的專案名稱前都會出現一個空白圓圈符號，可同時勾選多個檔案，以執行畫面右上方的 5 種功能：

- 堆疊
- 預覽
- 分享
- 複製
- 刪除

透過這個功能，可以快速選取多個專案來建立堆疊，不用手動搬移；更方便的是，你也可以選取多個專案，然後按分享鈕，將專案分享到網路上或是另一台設備上，就能快速完成備份的工作。

Procreate

Tank Downhill
681 × 681px

Summer Girl
2000 × 2000px

Bang
1500 × 1875px

Portraits 2018
2 artworks

▲ 在作品集畫面中用兩指按住縮圖即可旋轉

### 在作品集中改變作品轉向

在 Procreate 中有個方便的技巧，就是可以直接在作品集中變換作品的轉向。例如本來想畫直向的插畫，但是畫的時候將 iPad 轉成橫向了，等你回到作品集畫面時，就會發現該插畫的轉向錯誤。這時你只要在作品集畫面中，用兩根手指按住該縮圖並旋轉它，即可快速改變其轉向※。

※ 編註：根據實測結果，用兩指旋轉縮圖後，畫布的確會旋轉，但是作品集中的縮圖卻不會馬上改變方向。因此建議你在每次調整後，再用兩指放大縮圖，確認是否有成功轉向。

 

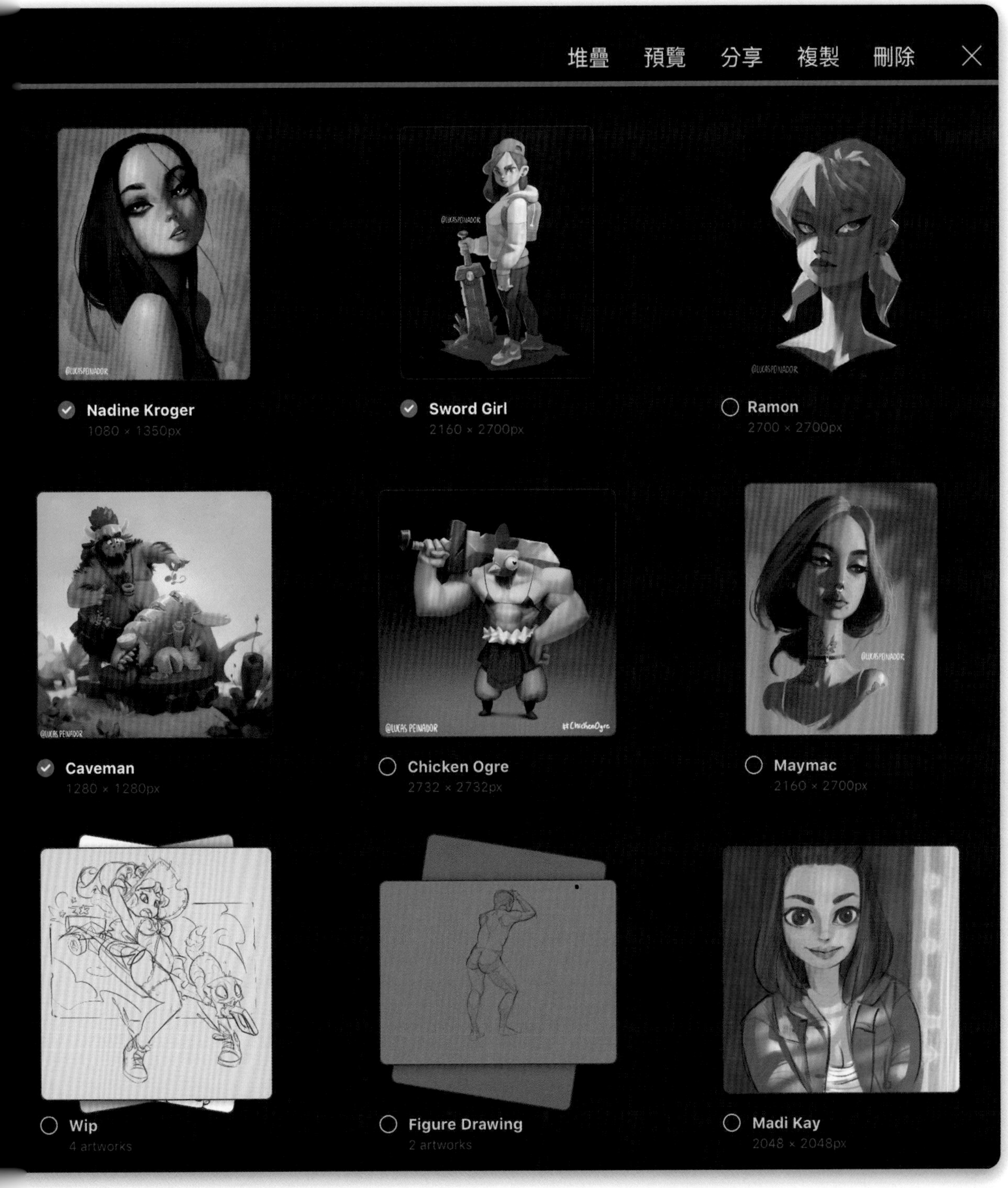

堆疊 預覽 分享 複製 刪除

Nadine Kroger
1080 × 1350px

Sword Girl
2160 × 2700px

Ramon
2700 × 2700px

Caveman
1280 × 1280px

Chicken Ogre
2732 × 2732px

Maymac
2160 × 2700px

Wip
4 artworks

Figure Drawing
2 artworks

Madi Kay
2048 × 2048px

▲ 按下選取鈕可以執行畫面右上方的 5 種功能

# 手勢

到此我們已經介紹過作品集，接著會帶你進入畫布來看看。不過在此之前，我們要先學習手勢的操作。

在 p.14 介紹使用者介面時曾說過，Procreate 比其他軟體更好用的特色就是介面十分簡約，你不會在畫畫的時候發現旁邊擠滿了選單。而且如果能搭配手勢來輔助操作，功能就會更加齊全。

因此，在使用 Procreate 時，手勢是必學的好用功能。本章將為你解說手勢的相關功能與運用技巧。

另一方面，除了預設的手勢之外，也可以透過手勢控制面板建立自訂手勢，幫你加快工作流程。該面板的說明可參考操作章節（p.66）。

在本章中，你會學到這些：

- 用手勢瀏覽作品
- 用手勢加快工作流程
- 用手勢與側欄上面的按鈕去執行撤銷（Undo）或重做（Redo）
- 用手勢叫出選單、複製元素並且貼到畫布中
- 用手勢清除圖層
- 用手勢返回全螢幕畫面

## 手勢與瀏覽

在 Procreate 中最基本的手勢，就是用來瀏覽畫布的手勢，包括放大和縮小，以及在螢幕上移動畫布，這些手勢都非常直覺好用。

### 放大和縮小

用兩根手指按住畫布同時向外拉開或向內捏合，即可放大或縮小畫布。

### 旋轉畫布

與縮放手勢類似，用兩根手指按住畫布並旋轉，畫布就會跟著手勢的動作同步旋轉。

### 移動畫布

用兩根手指按住畫布，即可在螢幕上四處移動，把畫布拖曳到想要的位置。上述這些簡單的手勢，讓你可以憑直覺操作畫布，就像實際在紙上畫畫時，可以把紙張轉來轉去或是任意移動一樣簡單。

### 快速檢視全圖

使用 Procreate 畫圖時，可搭配一個好用的手勢，就是兩指快速捏合。我們畫圖時經常會把畫布放到很大來描繪細節，這時假如想快速回到原尺寸來檢視整幅作品，不必費力一點一點地慢慢縮小畫布，建議你使用這個手勢。兩指快速捏合就是用兩指在螢幕上快速捏合，並且讓手指離開螢幕，畫布就會快速回到原始大小，讓你檢視整幅作品。

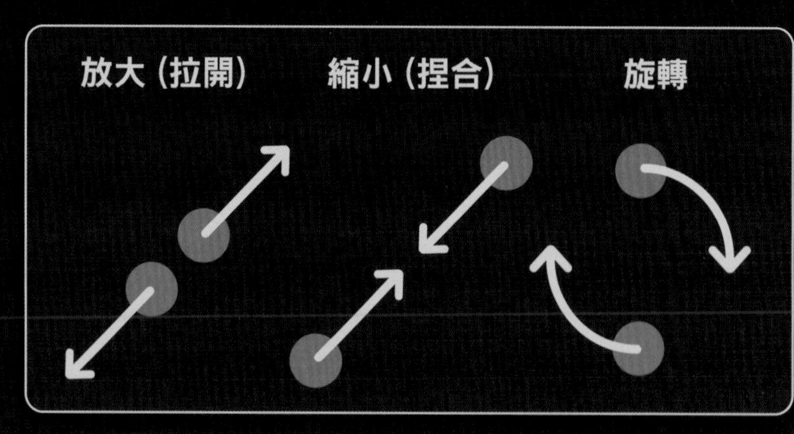


▲ 使用簡單而直覺的手勢來操作畫布

# 撤銷與重做

撤銷（Undo）與重做（Redo）無論在任何軟體都是很基本而且必要的指令，一般來說，撤銷表示要回到上一個步驟，重做則是表示要執行下一個步驟。我們在操作 iPad 時，通常不會用到鍵盤，以下幾種常用指令就可以用手勢輕鬆操作（若有搭配鍵盤，也可以用鍵盤快速鍵）。

## 撤銷

用兩根手指點擊畫布，即可撤銷。

## 重做

用三根手指點擊畫布，即可重做。

## 撤銷 / 重做多個步驟

如果要撤銷或重做多個步驟，請用手指長按住而不要點擊。

除了手勢之外，也可以用左方側欄底部的撤銷鈕和重做鈕來操作。

▼ 用兩根手指點擊即可撤銷，用三根手指點擊即可重做，亦可用側欄下方的按鈕操作

# 拷貝 & 貼上選單

在畫布上用三根手指快速向下滑，即可叫出拷貝 & 貼上選單，此選單中包含剪下、拷貝、複製、貼上等常用的功能（請注意拷貝和複製是不同的功能，以下會詳細說明）。

## 剪下

按剪下鈕會剪下目前已選取的圖層或選區的內容（關於選區請參考 p.50 的選取，關於圖層請參考 p.42）。

## 拷貝 & 拷貝全部

按拷貝鈕會拷貝目前已選取的圖層或選區的內容，按拷貝全部鈕則會拷貝整個畫布的內容。

## 複製

按複製鈕會將目前已選取的圖層或選區的內容複製並且貼到新圖層，這是複製和拷貝不同的地方。

## 剪下 & 貼上

剪下目前的圖層或已選取的內容，並貼到新圖層。

## 貼上

拷貝或剪下內容後，可按貼上鈕把內容貼到新圖層。

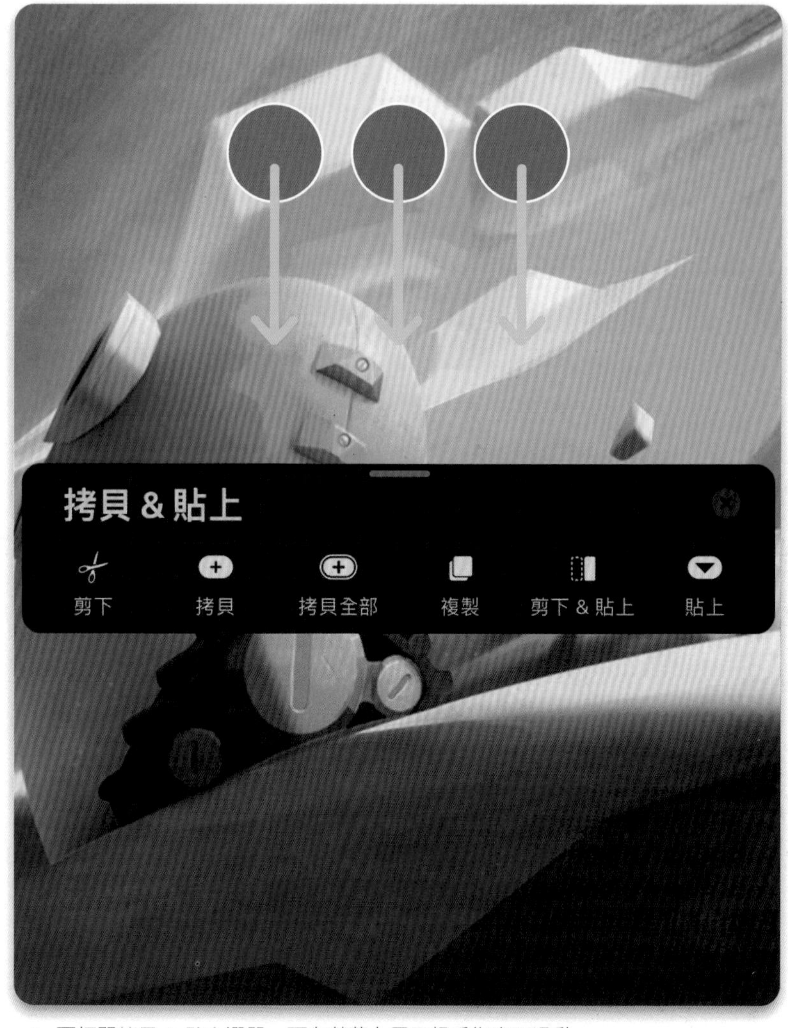


▲ 要打開拷貝 & 貼上選單，可在螢幕上用三根手指向下滑動

## 拷貝全部圖層

上面幾個功能中，大家比較陌生的可能是「**拷貝全部**」指令，這個功能其實非常好用，它會複製目前所有圖層的內容，就像是幫目前的畫布拍一張快照。舉例來說，你可以在未完成的畫布按「**拷貝全部**」鈕，再按**貼上**鈕貼到新圖層，以便稍後查看。必須注意的是，這樣做會把拷貝內容貼在同一層，如果你希望貼上後仍要保留分層狀態，就要將圖層組成群組，複製整組圖層來處理。

▶ 圖層群組可保留分層狀態（可參考 p.42 的說明）

 

# 其他好用手勢

## 清除圖層內容

如果要清除目前圖層的全部內容，只要將三根手指放在螢幕上，然後左右滑動，即可立刻清除圖層中的所有內容，不必用擦除工具慢慢擦。你也可以搭配選取功能（可參考 p.50 的選取），先選一塊區域，再使用此手勢清除選區中的全部內容。

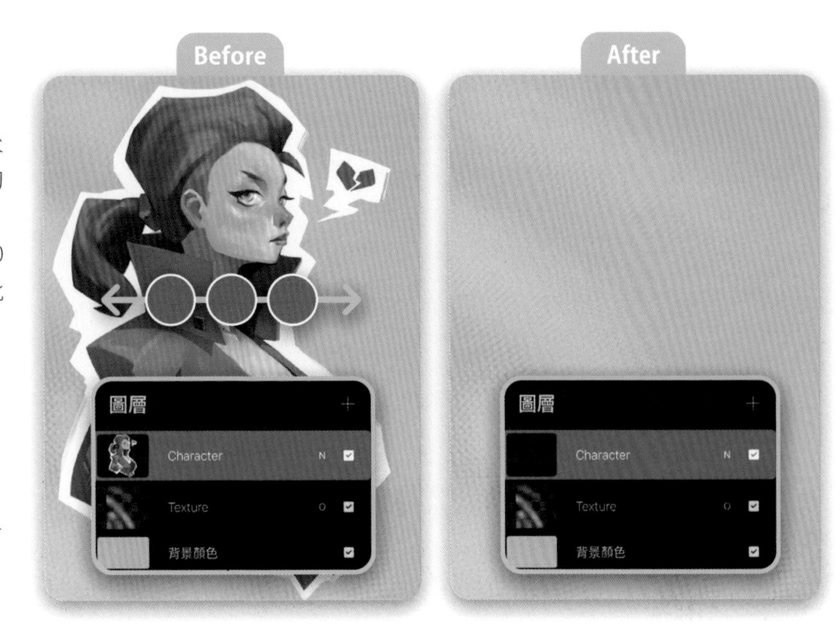


▶ 將三根手指放上螢幕並左右滑動，即可清除圖層內容

## 隱藏工具列

同時使用四根手指點擊一次螢幕，即可隱藏畫面上方與側邊的工具列；重新用四指點一下螢幕，即可叫回工具列。如果你畫畫時不想被一堆工具列干擾，或是想要展示作品時，只要這樣操作就可以了。

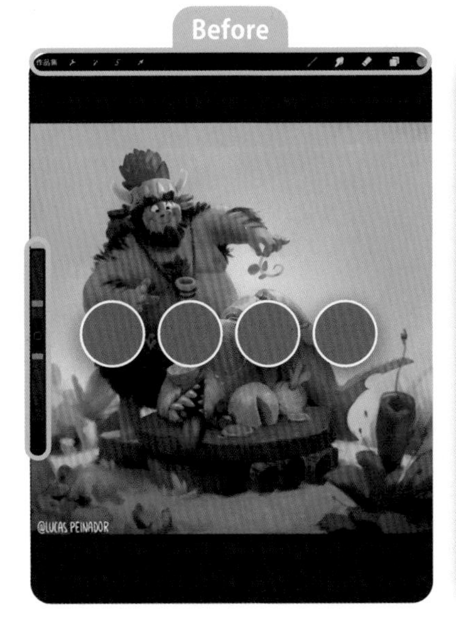

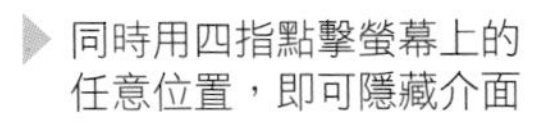
▶ 同時用四指點擊螢幕上的任意位置，即可隱藏介面

# 筆刷

Procreate 內建三套強大的繪圖工具：筆刷工具、塗抹工具與擦除工具。筆刷工具就是 Procreate 主要的繪畫工具，用筆刷工具畫圖之後，可用塗抹工具把想要的地方抹開、創造模糊的效果；而擦除工具（橡皮擦圖示）則可以擦除不想要的部分。

你相信嗎？畫畫時只靠這三套工具就夠了。它們共用同一個筆刷庫，你可以在使用這三種工具時，選用筆刷庫中的筆刷創造出各種筆觸。

在本章中，你會學到這些：

- 活用筆刷、塗抹、擦除工具
- 探索 Procreate 內建的筆刷
- 重新組織自己的筆刷庫
- 建立自訂的筆刷組
- 分享筆刷
- 從自己的設備匯入筆刷
- 自製與修改筆刷
- 運用快速繪圖形狀（QuickShape）功能來畫圖

## 筆刷庫

點擊畫面右上角的筆刷工具，然後再點一次圖示，就可以叫出筆刷庫（使用塗抹工具或是擦除工具時也可用相同方法叫出筆刷庫）。筆刷庫是個很長的選單，它的左側清單是筆刷類別（稱為筆刷組），右側則是筆刷組中每個筆刷的縮圖。

Procreate 的筆刷組中提供許多模擬傳統繪畫媒材效果的筆刷，有書法、質感、抽象、著墨、上漆、素描等筆刷組。每個筆刷組中都提供許多與該類別相關的筆刷選擇，你通常可以找到符合自己需要的。以下就介紹幾種筆者覺得好用的入門筆刷：

### 素描筆刷組

在素描筆刷組中，可以找到鉛筆、蠟筆和其他乾性媒材（包括鉛筆、粉彩、蠟筆等具明顯紋理的筆刷），推薦你用用看 6B 鉛筆，這個筆刷很適合拿來隨手塗鴉和練習繪畫手勢。

### 上漆筆刷組

在上漆筆刷組中，你可以找到丙烯顏料（模仿壓克力的筆刷）和水彩等方頭筆刷和毛筆類的筆刷。推薦你用用看尼科滾動筆刷※，這一個筆刷的邊緣會有一些斑駁質感，但不會多到讓人難以控制。

### 噴槍筆刷組

噴槍筆刷組中有許多筆刷是簡單的圓頭筆刷，會隨著觸控筆的壓力而加大筆刷尺寸與增加透明度。建議你多多使用各種軟硬噴槍筆刷，它們通常可以幫畫作帶來加分效果。

### 修飾筆刷組

如果你是個人像畫家，修飾筆刷組會是你的秘密武器！你可以在這裡找到模擬皮膚或毛髮的筆刷，如果想要替作品添加一些質感，建議你試試修飾筆刷組中的雜訊筆刷。

在開始畫畫之前，建議你多多研究筆刷庫中的筆刷，花點時間塗鴉和練習，之後在創作時會更得心應手。

※編註：「尼科滾動」筆刷是「Nikko Rull」筆刷的中文名稱，筆刷作者 Nikolai Lockertsen 是挪威的插畫家也是筆刷設計師。筆刷的名稱由此而來。

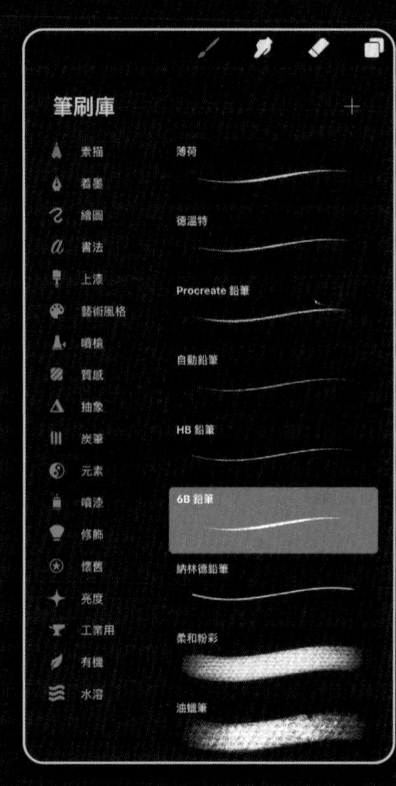


▲ Procreate 筆刷庫就像一個百寶箱，你需要的繪畫工具應有盡有

# 如何排列筆刷

試用過各式各樣的筆刷後，你可能有發現幾種愛用的款式，為了下次能快速取用這些筆刷，建議你建立自訂的筆刷組來收藏它們。

## 建立自訂的筆刷組

要建立新筆刷組時，請將筆刷選單的左側清單按住並往下滑，直到在清單的頂部看到一個＋圖示，點擊該＋圖示即可建立一個新筆刷組，你可以替該筆刷組重新命名，例如「常用筆刷」。之後若有需要再重新命名、刪除、分享或複製筆刷組，只要再點擊筆刷組名稱即可。

## 將筆刷加入自訂筆刷組

找到想要搬進自訂筆刷組的筆刷，然後選取、按住並拖曳筆刷縮圖，將它拖曳到自訂的筆刷組上停一下（不要放開），等到該筆刷組閃爍並打開，再將筆刷放進該筆刷組裡。

## 移動和複製筆刷

搬移筆刷時，你可能會擔心是否會將它移出原本的類別。搬移筆刷時可分成兩種狀況來說明。

假如是搬移 Procreate 內建的筆刷，它會複製一份放到自訂的筆刷組，因此在搬移後依舊會固定在它原本的位置（例如在搬移了水彩筆刷後，該水彩筆刷會同時出現在自訂筆刷組和原本的「上漆」筆刷組中）。

不過，如果將筆刷從某自訂筆刷組搬移到另一個自訂筆刷組，這時是「移動」而不會複製它。因此，若希望在兩個自訂筆刷組中都有某個筆刷，建議先複製該筆刷再搬移。

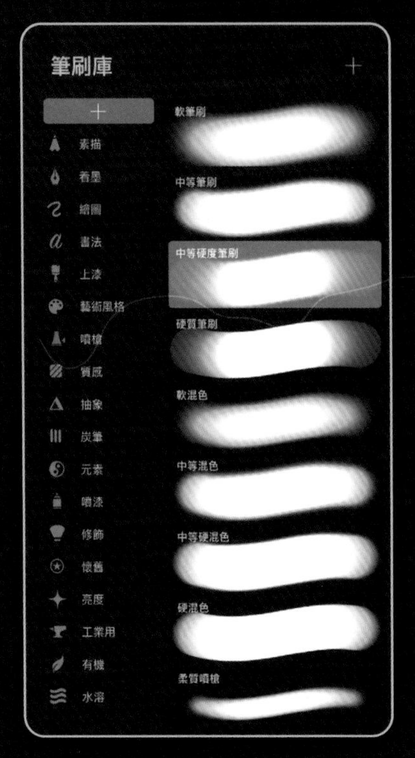


▲ 將左側清單往下滑並點擊上面的＋鈕，可建立新的筆刷組

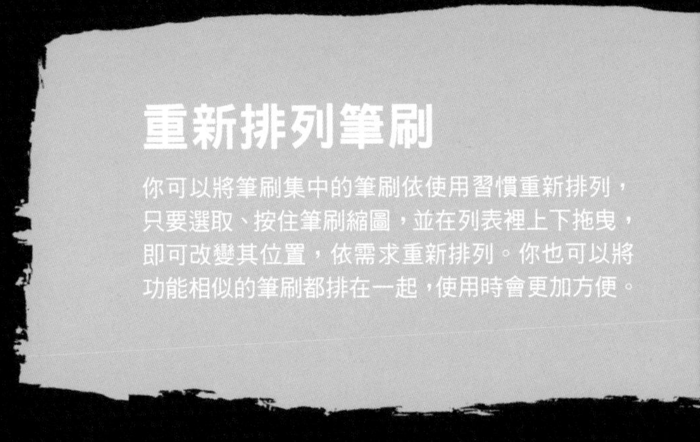

## 重新排列筆刷

你可以將筆刷集中的筆刷依使用習慣重新排列，只要選取、按住筆刷縮圖，並在列表裡上下拖曳，即可改變其位置，依需求重新排列。你也可以將功能相似的筆刷都排在一起，使用時會更加方便。

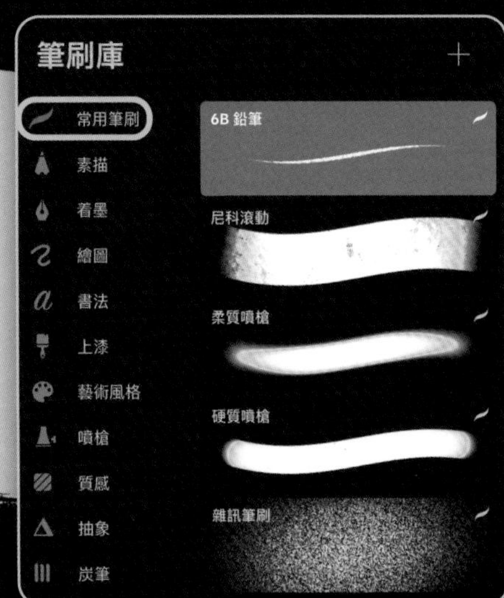


▶ 建立自己的常用筆刷組，並依需求排列

## 筆刷尺寸和筆刷透明度

無論是用 Procreate 或任何其他數位繪圖軟體創作，控制筆刷的大小和透明度都是非常重要的。筆刷尺寸可控制筆刷工具、塗抹工具、擦除工具在畫布上描繪時的筆尖大小；筆刷透明度則可控制筆尖透明度。筆刷的尺寸和透明度都有預設值，你可以編輯預設值來修改。

不過在繪畫的過程中，可能會常常需要一邊創作一邊調整筆刷尺寸和筆刷透明度，這時就可以活用畫布左方側欄的滑桿，隨時調整。

畫布介面的左方側欄上有筆刷尺寸和筆刷透明度這兩個滑桿，除非你切換到全螢幕模式隱藏側欄，不然它們就會一直在畫布上（側欄位置可參閱 p.15 的使用者介面）。上方的滑桿是控制筆刷尺寸，下方滑桿則控制筆刷透明度，在用右手拿著筆畫畫時，就可以同時用沒在畫畫的左手操縱滑桿（若你慣用左手畫畫，可依下一頁的說明改成右側介面）。

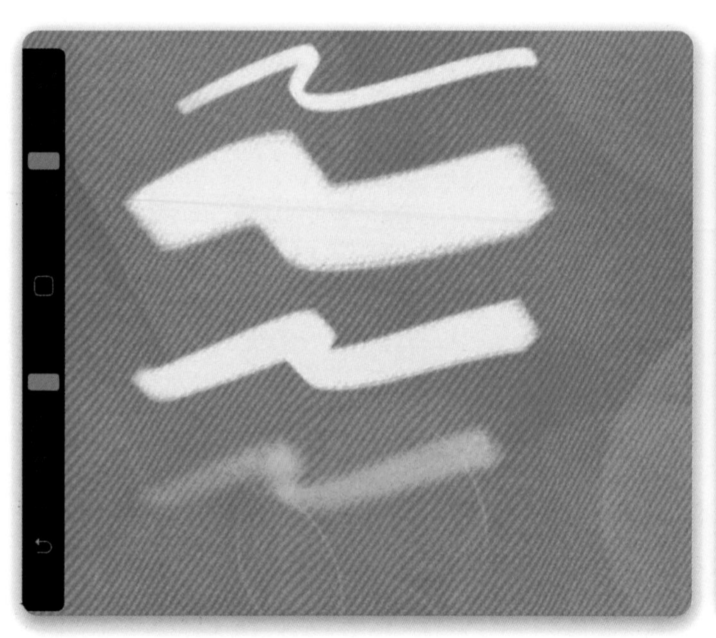

▲ 畫畫時，可隨時調整筆刷尺寸和筆刷透明度

▲ 筆刷透明度滑桿

▲ 筆刷尺寸滑桿

## 用觸控筆畫畫

使用筆刷 / 塗抹 / 擦除工具時，可以用手指或觸控筆來畫，而我們特別推薦搭配 Apple 自家的觸控筆，也就是 Apple Pencil（若想搭配其他廠牌的觸控筆，可參考 p.70 的說明）。想知道為什麼藝術家們都推薦用這枝塑膠筆來畫畫嗎？答案就是搭配專用觸控筆可以讓 Procreate App 偵測到下筆的筆壓以及筆尖的傾斜度，例如下筆太用力或是筆尖傾斜時，筆刷都會表現出來，就像真的在紙上畫畫般。

滑桿使用起來非常簡單，但是其實有些特殊技巧，建議大家學起來，讓滑桿更符合個人需求。

## 右側介面

若你慣用左手拿筆畫圖，為了使用方便，可將滑桿的位置改成右側。設定方法是點擊畫面左上角的操作圖示（扳手圖示），切換到偏好設定頁次，接著開啟右側介面項目即可。

用左手拿筆畫畫時，建議開啟右側介面項目，可讓你用右手操作滑桿

## 重新定位側欄的位置

若想改變側欄工具列的位置，例如要重新定位到更高或更低的位置，請將修改按鈕（側欄中央的小方塊）從螢幕邊緣往內拖曳，即可將側欄拉離螢幕邊界，接著就能將它往上或往下移動。用這個方法就可以將側欄移動到自己想要的位置，以免在畫畫時造成妨礙。

## 精細控制滑桿

操作滑桿的另一個技巧是啟用精細控制功能。直接用手指（或筆尖）上下滑動滑桿時，調整幅度會很大（數值會跑得很快）；若你是先按住滑桿不放，然後將手指（或筆尖）移到側欄外面，再往上或往下移動，即可精確地調整筆刷大小或透明度（數值會跑得很慢）。這個技巧可以運用在 Procreate 裡的每個滑桿。

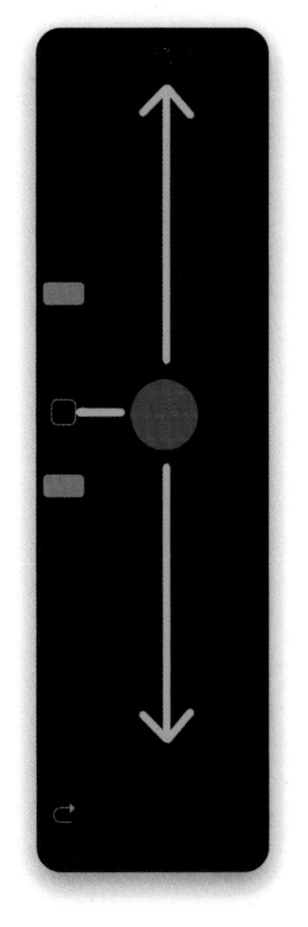

想要精細調整筆刷尺寸或透明度時，先按住滑桿，然後將手指或筆尖移到側欄外面，再往上或往下移動，即可精細調整數值

# 分享筆刷與筆刷集

當你建立了自訂的筆刷集，你可能會希望將這些筆刷分享給別人，或是把它們備份在雲端空間或自己的設備上，這時候就要使用分享功能。請在筆刷庫中按一下筆刷集名稱，會出現包含 4 個項目的選單，點選分享，即可指定要將該筆刷集分享到哪裡（依 iPad 的分享設定）。

除了分享筆刷集，也可以分享個別的筆刷，方法是在筆刷的縮圖上向左滑，就可以叫出選單，包含三個選項：分享、複製和刪除。

▲ 點擊筆刷集名稱、按分享後會出現分享選單

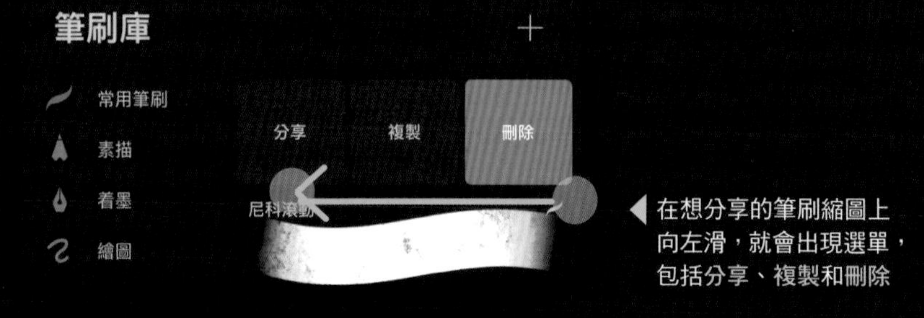


◀ 在想分享的筆刷縮圖上向左滑，就會出現選單，包括分享、複製和刪除

# 如何匯入筆刷

我們當然可以匯入現成的筆刷集，例如之前儲存的自訂筆刷集，或是在網路上購買過的筆刷集。請同時打開 Procreate 和儲存筆刷的位置，將想要匯入的筆刷拖曳到 Procreate 的筆刷庫中即可。若是單一筆刷，可將它拖曳到筆刷庫的右欄；如果是整組的筆刷集，就拖曳到筆刷庫的左欄即可。

還有另一個匯入方法，是在筆刷庫面板按右上方的＋鈕，會進入筆刷工作室面板，再按右上方的匯入鈕，即可匯入儲存在 iPad 或雲端空間的筆刷。匯入後，筆刷庫就會自動建立「已匯入」這個筆刷集來存放新匯入的筆刷。

▼ 將筆刷檔從設備中拖放到筆刷庫

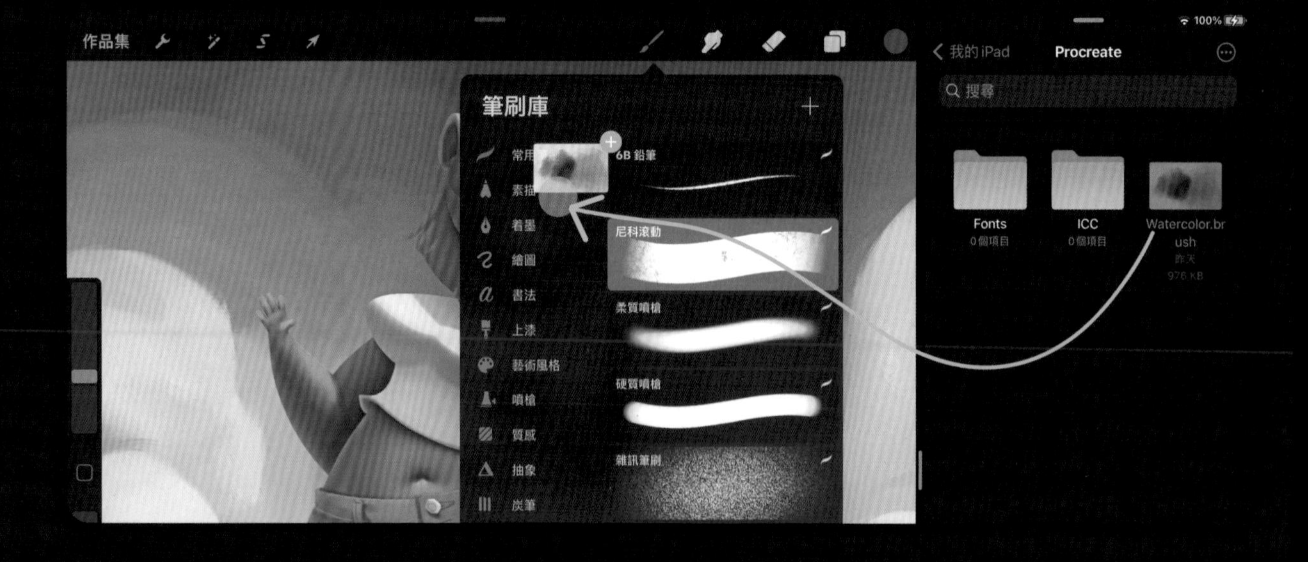

# 漸層效果

需要畫漸層效果時，通常會用大尺寸、柔邊的噴槍筆刷來畫，應該選哪一個筆刷比較像呢？你可以在筆刷庫預設的「噴槍」筆刷集中點選「軟筆刷」，再點擊一次筆刷縮圖，即可進入「筆刷工作室」面板調整。要將筆刷調大時，可進入「屬性」頁次，將「最大尺寸」往右調。這個筆刷可畫出邊緣刷淡的漸層效果。

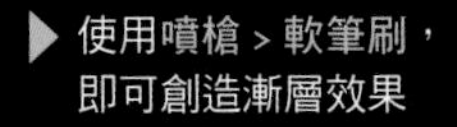

▶ 使用噴槍 > 軟筆刷，即可創造漸層效果

## 自製新筆刷

即使已經收集了很多好用的筆刷，你可能還是覺得就是缺一個筆刷！要是找不到理想的筆刷，解決方法就是自製筆刷囉！其實 Procreate 的自訂筆刷功能非常強大，自製筆刷時可能需要的各類選項，都可以在最新的筆刷工作室面板中找到。

### 建立新筆刷

要建立新筆刷時，請按筆刷庫面板右上角的＋鈕，會進入筆刷工作室面板。面板左側選單有 11 個頁次，功能非常豐富，以下兩頁會就深入說明這些項目。

當你設計好自己的筆刷，可切換到左欄最下方關於這枝筆刷的頁次，點擊上方未命名的筆刷，即可重新命名。另外也可簽上自己的名字，日後若將此筆刷分享出去，使用者也能在這裡看到作者的名字。

▲ 建立自訂筆刷時，是透過筆刷工作室面板設定

## 筆刷工作室面板

筆刷工作室面板分成 3 欄，左欄是功能頁次，點擊想調整的功能後，中央的欄位會顯示細部選項，右欄則是畫圖板。在調整筆刷的過程中，你可以隨時在右欄塗抹，試試目前的效果（按左上角的畫圖板鈕即可清除畫圖板或重置全部筆刷設定）。

這麼多項目你可能會覺得很複雜，以下會介紹其中比較重要或是常用的項目，你可以都試試看。

## 紋路

切換到紋路頁次，可載入紋理圖樣來製作筆刷。紋路來源欄位會顯示目前的圖樣（預設是空白），你可按右上方的編輯鈕，開啟紋路編輯器，再按匯入鈕，可匯入自訂的圖檔，或按下來源照片庫載入預設的紋理圖庫。你會發現這裡有非常多材質或花紋圖樣可以使用喔！載入圖樣後即可利用下方選項繼續調整。

移動模式是控制每一條筆畫要如何展現其紋理：0%是完全無紋理（會將圖樣變成移動模糊效果），若調到100%會顯示為滾動，表示筆畫將會不間斷地連續出現紋理圖樣。

比例決定了筆觸的紋理大小，縮放則是決定紋理大小是否要依照目前的筆刷大小縮放。

▲ 切換到紋路頁次的設定項目

## 形狀

形狀頁次可調整筆尖形狀與筆尖的旋轉效果，使用平頭筆刷測試時，效果會更明顯。這裡同樣可按選單右上方的編輯鈕，開啟形狀編輯器匯入自訂或內建的形狀圖檔。以下是重要的設定項目。

散佈是決定筆尖形狀將隨著筆畫而旋轉多少幅度。

旋轉會影響形狀會如何跟著筆觸的方向發展。設定為 0%會呈現無旋轉的靜止狀態，設定為 100% 會顯示跟隨筆觸，筆刷形狀會跟著筆觸走。

另外，開啟隨機化會使筆觸的旋轉每次都不同，開啟方位角會偵測 Apple Pencil 傾斜程度，以決定筆尖形狀往哪個方向傾斜。

▲ 切換到形狀頁次的設定項目

## 屬性

屬性頁次可設定筆刷的基本資料。預覽可放大或縮小筆刷庫中的預覽縮圖，但不影響實際大小。要改變筆刷大小或透明度時，是設定最大 / 最小尺寸、最大 / 最小透明度。

開啟螢幕方向會使筆刷遵循 iPad 的轉向。塗抹則是控制使用塗抹工具時筆刷拖動顏料的力度。

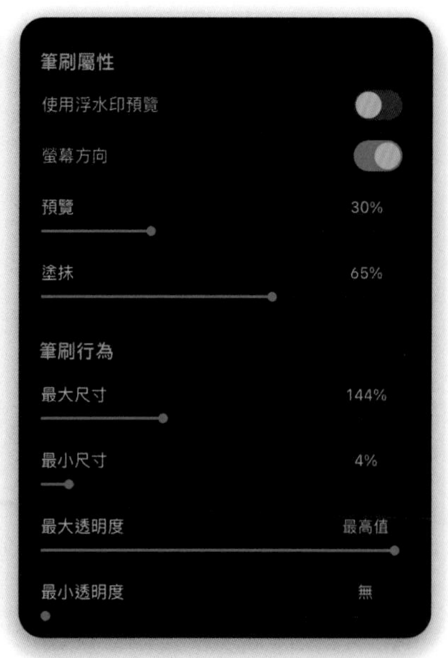


▲ 切換到屬性頁次的設定項目

## 渲染

渲染頁次提供 6 種渲染模式，簡單來說是模擬薄塗或厚塗的濃淡效果。

開啟濕邊緣的話，會模擬在畫布上抹顏料時筆觸邊緣暈染的效果，若想畫出油畫或壓克力顏料的筆觸，推薦開啟這個功能。

## 筆畫路徑

在數位繪畫中，每一條筆畫都是由很多筆刷形狀重疊成一條線，而在筆畫路徑頁次，就是控制一條筆畫中要包含多少形狀。間距就是控制形狀密度，增加間距值就會將每個形狀的距離拉開，呈現出虛線效果。

流線是控制線條的平滑度。把滑桿拉到最大值，會成為最平滑的線條，此效果非常適合用於英文書法。

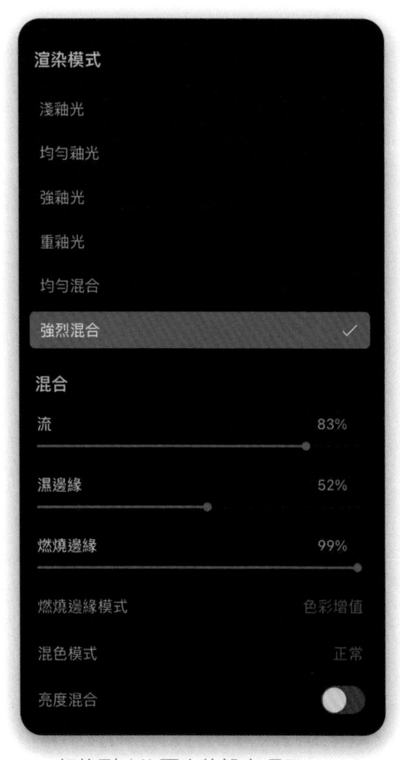


▲ 切換到渲染頁次的設定項目

快速變換會使筆刷分散，若要畫出雲朵或草皮，就很適合這個方式。

## 錐化

錐化頁次可以模擬每條筆觸起點和終點的錐形效果、粗細和透明度，就像實際畫畫的起筆和落筆筆觸，你可以在模擬圖上直接拖曳兩側的點來控制。

錐化頁次分為兩個部分，壓力錐化是針對觸控筆做調整，觸碰錐化則是針對用手指繪圖時的調整項目。

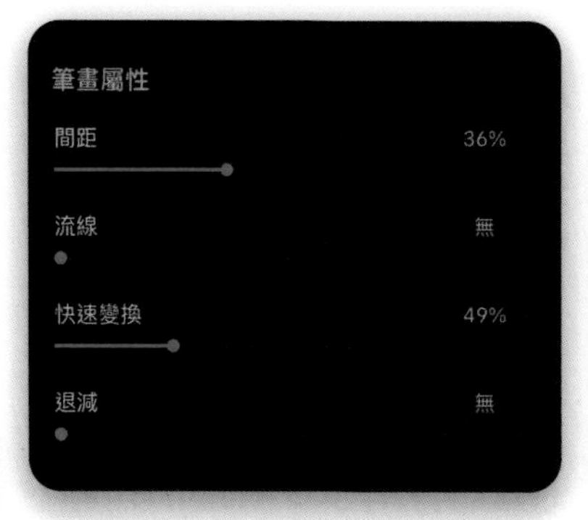

▲ 筆畫路徑與錐化頁次的設定項目

## Apple Pencil

Apple Pencil 頁次是在控制觸控筆的感壓敏感度，若此處有設定尺寸和透明度，則在使用觸控筆時，只要增加力道，筆刷就會變得尺寸更大、更不透明（有關 Apple Pencil 和其他廠牌觸控筆的差異，可參考 p.8）。

此外，若希望在觸控筆傾斜時也會產生反應，可在傾斜圖中拖曳設定，角度愈大，筆刷反映傾斜的速度會愈快。其他各項目也都是在控制當筆壓增加時，筆觸要反映哪些變化。

▲ Apple Pencil 頁次的設定項目

# 快速繪圖形狀工具

有時我們會需要畫直線或是畫圓，但是如果連筆都拿不穩，線條歪歪扭扭的，該怎麼辦？這時就要借助快速繪圖形狀工具來改造它們了。想知道它怎麼發揮作用的嗎？最好的方法就是自己試試看囉！

## 畫直線

請隨手畫一條直線，請注意畫完時觸控筆（或手指）不要離開螢幕，請長按住線條的末端，這時 Procreate 就會把它轉換為完美的筆直線條。

變成直線後，就可以將觸控筆尖從螢幕移開，你會發現畫面上方出現編輯形狀鈕。若點擊該鈕，在線條兩端會出現藍色控制點，按住該點即可移動並編輯線條。編輯完成後再點一下筆刷工具，即可回到畫布繼續畫。

▶ 畫完線的同時長按住末端，可啟動快速繪圖形狀工具

## 畫基本形狀

除了簡單的直線外，快速繪圖形狀工具也可以用來畫圓形、橢圓形、四邊形或由幾條直線組成的形狀。方法是相同的，只要一筆畫完想要的形狀，按住末端不放，畫面上就會出現編輯形狀鈕。

點擊編輯形狀鈕，同樣會出現藍色控制點，讓你編輯每一條線的位置。如果要畫機械、武器或建築物之類的主題，可善用這個功能，設計出零瑕疵的邊緣與精確的形狀。

一筆畫出形狀後，開啟快速繪圖形狀工具編輯它們

## 對齊

要繪製完美的圓形時，可先畫一個橢圓並長按筆畫末端，以啟用快速繪圖形狀工具。這時先不要讓觸控筆離開螢幕，同時把另一根手指放到螢幕上，就會看到這個橢圓變成一個完美的正圓形。這個繪圖技法稱為對齊，也可以用於描繪正方形並將線對齊到固定角度。

畫好圓形後，再點擊編輯形狀鈕時，就會出現 4 個控制點，輕按並拖曳這些控制點，即可擠壓、拉伸或是旋轉這個圓形。

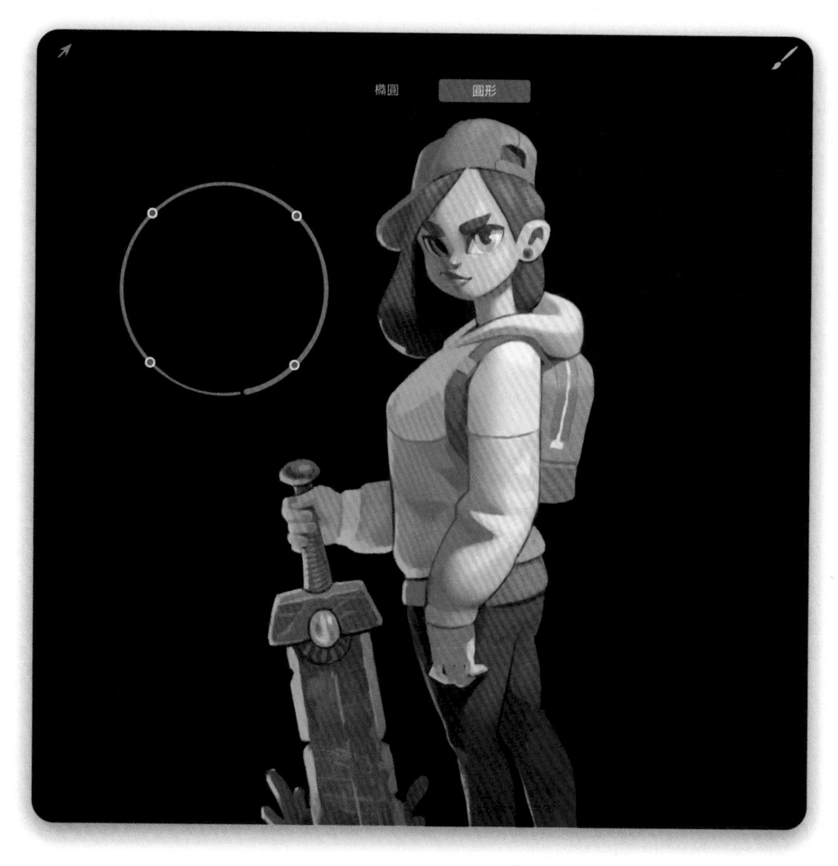


畫完圓形後用另一根手指按住螢幕，即可開啟對齊功能，變成正圓形

# 顏色

在 Procreate 中選顏色時，只要點擊畫布介面右上角的圓形顏色圖示，就會開啟顏色面板。顏色面板提供以下五種模式，你可以選擇最符合自己工作流程的模式：

- 色圈模式
- 經典模式
- 調和模式
- 參數模式
- 調色板模式

以下會說明這五種模式的特色，你可能會有特別愛用的模式。此外，在你繪畫時也可以隨時切換模式，例如平常使用色圈模式，而在繪畫過程中替作品建立自訂的調色板；需要配色時切換到調和模式參考；需要更精確地調整顏色時，再切換到參數模式。請挑出你最滿意的。

在本章中，你會學到這些：

- 使用色圈模式選擇顏色
- 使用經典模式選擇顏色
- 使用調和模式練習配色
- 使用參數模式調整顏色
- 使用 RGB 和 HSB 滑桿
- 製作和修改自訂的調色板
- 分享與匯入調色板

## 色圈模式

我們就從第一種模式開始吧。色圈模式是最直覺式的，你可以在清晰呈現所有顏色的色環上，點選想要的顏色，改變色相、明度和飽和度。

### 色相

色圈模式的外圈是用來選擇色相。我們平常講的顏色名稱，例如紅色或藍色，用來指稱顏色的外觀，這都是指色相。

### 飽和度和明度

色圈模式的內圈是用來選擇飽和度和明度。在外圈選好一種色相後，就用內圈調整明暗或飽和度。如果需要提昇精確度，可用兩根手指將內圈放大。選好後再用手指將內圈往中間捏合，即可恢復原狀。

### 純色

色圈是漸層的，如果要選擇精確的白色、黑色、純色時該怎麼選？請參考右圖的九個純色點，在接近的位置點擊兩次，即可鎖定該顏色。

### 調色板

色圈下方的歷史記錄欄是用來保存你用過的顏色（光是選色不會記錄，使用過的顏色才會保存）。這些顏色會顯示為方形的色票圖示，點選後即可使用。另外，無論切換到哪種模式，顏色面板都會顯示一組色票，此區稱為調色板，用來儲存顏色和快速選色。相關說明請參考 p.41。

▼ 內圈上的這九個點可用來選擇純色，只要在接近的位置點擊兩次，會自動對齊到最近的點，讓你選擇該色

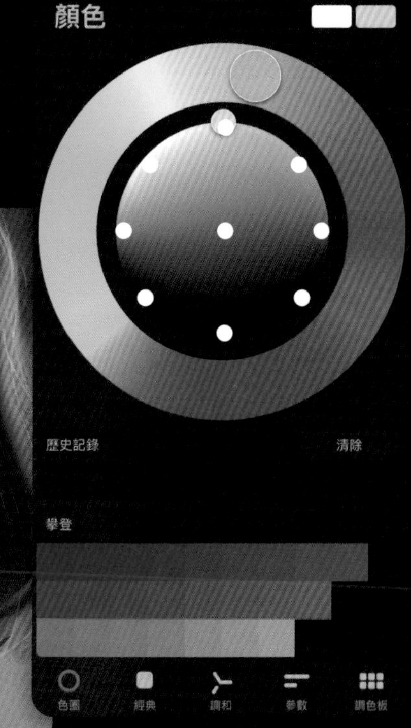

# 經典模式

## 色相

經典模式是類似 Photoshop 等軟體的模式，是在方形區域上選取顏色。你也可以使用下面三個滑桿來設定顏色，第一個滑桿就是控制色相。

## 飽和度和明度

要設定飽和度和明度時，是用色相滑桿下方的兩個滑桿調整。也可以在方形區域中直接點選。

## 純色

設定純色時，經典模式比色圈模式容易，因為方形區域的四個邊角就代表黑色、白色和純色。

若你覺得在漸層色圈上面選色不太精確，偏愛用滑桿精細控制，同時又想看到所有顏色的分布，就適合切換到這個模式。

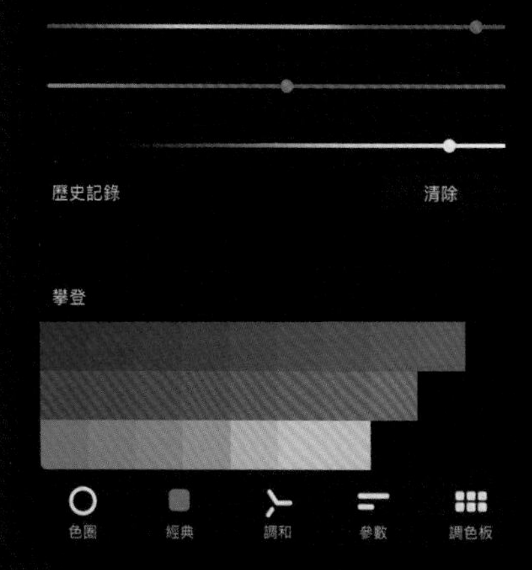


▶ 下方三個滑桿分別代表色相、飽和度、明度，可精細調整

## 取色滴管工具

**取色滴管工具**可以快速選取畫布上已有的顏色。只要「輕點並按住」畫布就可以開啟**取色滴管工具**，包括中心點和一個小色環。你可以在畫布四處拖曳該色環，即可取樣中心點的顏色。色環分為上下兩半部，色環下半部是目前正在使用的顏色，色環上半部則顯示中心點正在吸取的新顏色。

除了上述手勢，點擊**修改鈕**也可以開啟**取色滴管工具**，此外也有許多方式可以開啟。請按左上方的**操作**鈕 > **偏好設定** > **手勢控制** > **取色滴管**，這裡可以看到各種開啟**取色滴管工具**的方式，請試試各種組合，找出符合使用習慣的做法。

## 調和模式

要替作品設計配色時，可能會需要在色盤上找出互補色或近似色。這時可將顏色面板切換到調和模式，接著只要在色環上點選顏色，就會自動依配色法找出搭配的顏色。顏色面板左上角會以小字顯示目前採取的配色法，按一下可從選單切換，有互補、分割互補色、類比（近似色）、三等分、矩形可選擇。下方的滑桿則可調整明度。

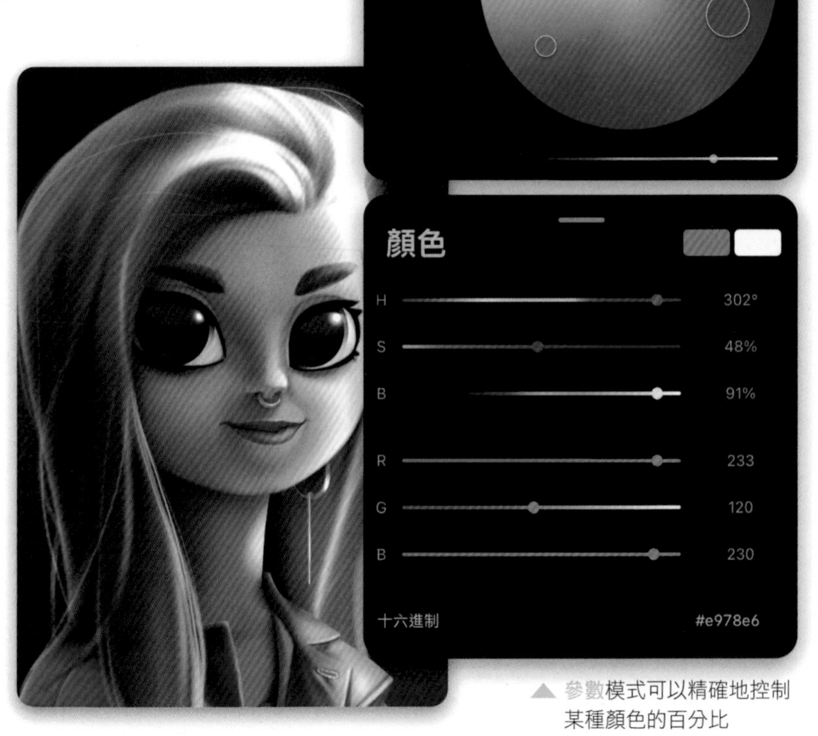


▶ 調和模式

## 參數模式

參數模式提供了 HSBRGB 六個滑桿，可精準調整每個項目的數值，亦可直接輸入十六進制色碼。

### HSB

上方三個滑桿是 H（色相）、S（飽和度）、B（明度），調整數值滑桿即可精確設定，例如可設定 50%的灰。

### RGB

下方三個滑桿則可以控制目前所選顏色的 R（紅）、G（綠）、B（藍）顏色比例，可用於選擇和混合顏色。

### 十六進制色碼

若你要使用指定色彩（已知色碼），可以直接在十六進制欄輸入色碼。

▲ 參數模式可以精確地控制某種顏色的百分比

## 色彩快填

Procreate 提供非常方便的填色功能，稱為「**色彩快填**（ColorDrop）」，可使用目前的顏色快速填滿畫布或選區。方法是按住介面右上角的**顏色**鈕，將它拖曳到畫布上，即可用該顏色填滿畫布。若是將顏色拖曳到封閉形狀的圖層，則會填滿該封閉形狀的內部或外部。

# 調色板模式

前面有提到用調和模式輔助配色，其實你也可以使用 Procreate 內建的配色組合。請切換到調色板模式，即可檢視調色板，這裡會依照特定風格列出色票，按一下即可使用。無論將顏色面板切換到何種模式，下方都會顯示一組預設調色板。在調色板中按任一色票，就能把該色票變成目前使用的顏色。要刪除色票時只要長按它，就會出現刪除色樣選項。

## 建立新的調色板

將顏色面板切換到調色板模式後，按面板右上角的＋鈕，會出現四個選項，若按建立新的調色板，即可建立空白的新調色板。

你也可以把現成的照片或圖檔變成調色板，例如按面板右上角的＋鈕後選擇來自照片的新的選項，然後任選一張照片，Procreate 就會自動偵測照片中的顏色，並建立一個新調色板來儲存這些色票，非常方便！

## 重新命名、儲存、分享

按調色板右上角的設為預設值鈕可設定為預設調色板。預設調色板會顯示在顏色面板的每一種模式中。按一下調色板名稱即可重新命名，若將調色板向左滑動，會出現分享和刪除鈕，可分享或刪掉調色板。

▶ 按＋鈕選擇來自照片的新的項目，可以將照片中的顏色轉換成色票，並建立一組來自圖像的調色板

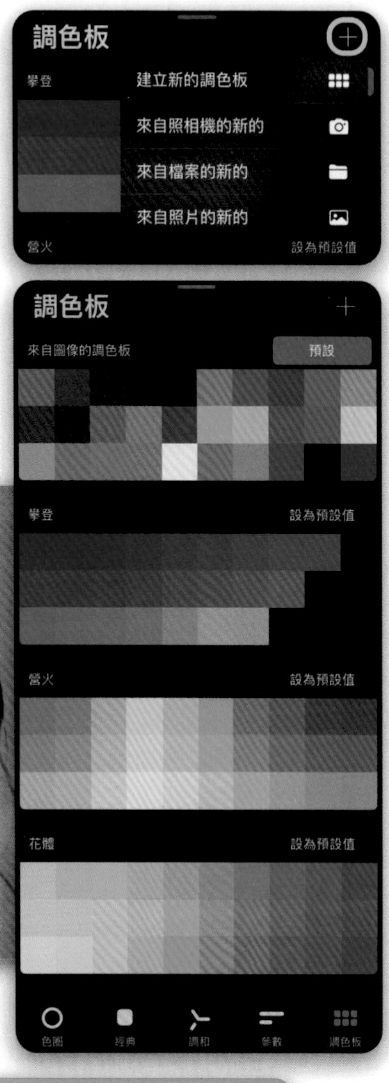

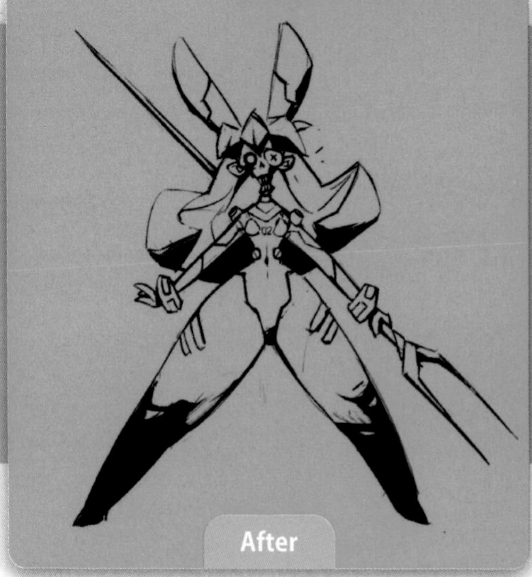

# 圖層

對數位繪畫工作者來說，圖層是很重要的繪畫工具，也是眾多藝術家喜歡數位繪畫的主要原因。

實際在紙上畫畫的時候，所有內容都只能畫在同一層；而使用圖層的好處，就是可以分層畫圖，不會讓內容互相干擾。你可以把每個圖層想像成一張透明的紙，若在每一層畫不同的內容，最後將許多層重疊在一起，就呈現出作品的樣子。

分層繪畫的好處，就是你可以任意調整每一層的內容或前後順序，也可以測試看看內容大改造的成果，這些都不會對完稿產生影響。

在本章中，你會學到這些：

- 活用圖層來繪畫
- 建立新圖層
- 讓圖層顯示或隱藏
- 組織與合併圖層
- 複製、刪除圖層、替圖層上鎖
- 改變圖層的透明度
- 活用阿爾法鎖定（Alpha Lock）以鎖定透明區域
- 活用圖層的混合模式
- 存取其他圖層選項
- 活用圖層的遮罩和剪切遮罩

## 圖層基本概念

### 開啟圖層面板

在畫布介面右上角、從右邊數過來第二個圖示就是圖層，請用手指或觸控筆點擊它，即可開啟圖層面板。

### 圖層 1

若是剛開啟的空白新畫布，在預設情況下，Procreate 的每個檔案都會在圖層面板中建立兩個圖層，一個是背景顏色，另一個則叫做圖層 1。在每個圖層的左側，會顯示縮圖，可看到該圖層的繪製內容。

### 背景顏色圖層

畫布的背景預設是白色的，如果要變更，請點擊背景顏色圖層，即可開啟背景面板，讓你選擇要變更的顏色。假如你不想要背景色、希望使用透明背景，可以在圖層面板把背景顏色圖層右側的打勾取消，即可隱藏此圖層。

### 顯示與隱藏圖層

每個圖層右側的勾選方塊就是用來控制顯示或隱藏圖層，勾選它即可顯示圖層，取消它即可隱藏圖層。

### 建立新圖層

點擊圖層面板右上方的＋鈕，即可建立一個新圖層。藝術家們各有各的圖層用法，有的人習慣每畫一個東西就建立一個新圖層；也有的人不會建立太多圖層以免難以管理。

若你是第一次接觸數位繪畫，建議將圖層數量控制到最少，例如只在想畫新內容、但它可能會破壞畫布上原有的內容時，這種狀況再建立新圖層來畫，這樣會更容易管理。

▲ 對數位插畫家來說，圖層是很重要的功能，可以分層繪製內容

### 圖層數量上限

Procreate 的圖層數量有上限，取決於檔案的容量大小。當檔案愈大，可建立的圖層就愈少。如果想知道目前的可用圖層數量，可以按畫布介面左上方的操作鈕（扳手圖示），然後切換到畫布頁次，點選最下面的畫布資訊項目，於左側選單切換到圖層項目，即可查詢最大圖層、已使用圖層、可用圖層是多少。

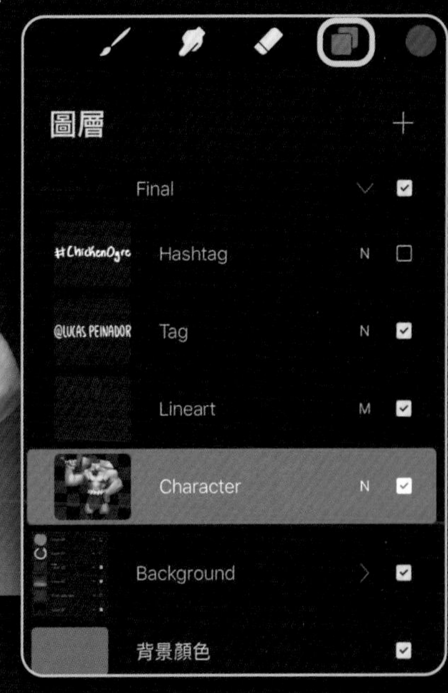

# 圖層管理

## 移動和合併圖層

要移動某個圖層時，請在圖層面板中按住它拖曳，就可以移動位置。若把圖層往上移動，該圖層的內容就會疊在其他圖層的內容上面。

若在拖曳時把圖層放到另一個圖層上並停一下，就會建立一個新群組，並把兩個圖層都放進去。圖層群組就像是檔案夾，可包含兩個或多個圖層，整個群組可一起移動，而且裡面的圖層還可以單獨編輯。

下一頁會說明如何刪除單個圖層。

## 選取多個圖層

如何一次選取多個圖層呢？在選取一個圖層後，再去其他圖層上向右滑動，然後鬆開，就表示同時選取（選取的圖層會顯示為藍色），你可以同時移動它們。選取多個圖層時，圖層面板右上方會出現刪除與群組選項，也可以使用這些指令。

## 合併圖層

前面提過圖層數量有上限，如果在繪製過程中有不再需要單獨處理的元素，或是在繪製過程的尾聲想對整個圖像加以調整，可以善用合併圖層的功能來將適合的圖層合併。

合併圖層是指將兩個或多個單獨的圖層合併成一個圖層，也就是說，這些圖層無法再單獨編輯了。因此只有在百分百確定不需再單獨編輯這些圖層的情況，才可以合併圖層。

合併圖層與圖層群組的差異，就是群組中的每個圖層還能分開編輯，合併以後就沒辦法了。

合併圖層的方法很簡單，請在圖層面板中，使用兩根手指將多個圖層快速捏合在一起即可。

▲ 拖曳移動圖層，可以改變上下位置

▲ 選取圖層後，在其他圖層上向右滑，可同時選取（加選的圖層變成藍色）

▲ 把多個圖層用兩指快速捏合在一起，即可合併圖層

### 整理圖層

建議大家養成經常整理圖層的好習慣，讓工作流程更順利。如果圖層總是亂七八糟的，你就會常常找不到要改的圖層，又要花費許多時間去找。

### 確定要合併嗎？

合併圖層後就無法回復原狀，除非你一直按「**撤銷**」鈕回到尚未合併的狀態。因此，請一定要確認這些圖層真的不需分開編輯，才能合併它們，這是很重要的關鍵。要不然，合併後就很難回頭了。

# 上鎖、複製和刪除圖層

將圖層向左滑時，會出現三個選項：上鎖、複製和刪除。

## 刪除圖層

按刪除鈕就會刪掉這個圖層。除非刪除後立即點擊撤銷鈕，才能找回該圖層，假如沒有立即撤銷動作，就無法恢復該圖層了。

## 複製圖層

按複製鈕會幫此圖層建立副本，該副本會以完全相同的名稱，顯示在原始圖層下方，因此建議你一定要立即將複製的圖層重新命名（方法參考 p.48），以免跟原始圖層搞混。

## 替圖層上鎖

圖層功能可以讓我們分層畫不同的內容，非常方便，但如果一不小心畫到錯的圖層，尤其是當你已投入長時間和心血畫完了，才忽然發現畫錯地方，那可真的會讓人崩潰！這時候就要用到上鎖的功能。

在任何圖層都可以往左滑按上鎖鈕將圖層上鎖。上鎖的圖層會在名稱前面加上一個鎖頭圖示，並且禁止用任何方式操作它。要解鎖圖層時，同樣是將圖層往左滑，這時會顯示解鎖鈕，按下該鈕即可解鎖。

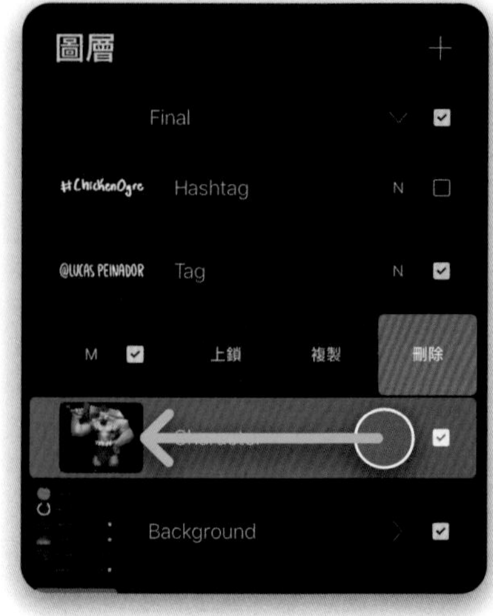


▲ 向左滑即可將圖層刪除、複製或上鎖

# 透明度和阿爾法鎖定（透明區域鎖）

以下會將透明度和阿爾法鎖定兩種功能合併講解，因為這兩個功能都是用兩根手指的手勢來操作圖層，而且都和透明度有關。若你能多加熟悉這兩種手勢，處理圖層時就會更得心應手。

## 透明度

若有需要，可以將圖層變成半透明，讓下層的內容透出來。方法很簡單，只要用兩根手指點一下圖層，畫面上方會出現「透明度 - 滑動來調整」指令，再用手指在螢幕上左右滑動，即可調整透明度。越往左滑越透明、越往右滑則會越不透明。調整後，按任一個工具鈕即可離開此模式。

透明度功能非常好用，例如在完成草圖、要描繪線稿時，可降低草圖的透明度，即可一邊對照半透明的草圖、一邊在上層描繪出線稿。

▲ 用兩根手指點一下圖層，就會開啟「透明度 - 滑動來調整」模式

## 阿爾法鎖定（透明區域鎖）

阿爾法鎖定也是數位繪畫中超好用的功能，這個名稱乍看似乎很陌生，其實它就是「Alpha Lock」的音譯，也就是要將圖層的透明區域鎖住，因此也可以稱為「透明區域鎖」。

舉例來說，若你在圖層上畫了一個圖形，啟動阿爾法鎖定後，就只能在有畫過的地方繼續畫下去，透明的區域都會上鎖、無法編輯。這個功能可防止你畫到圖形以外的地方。

要啟動阿爾法鎖定時，只要用兩根手指將圖層向右滑一下，就可以囉！該圖層縮圖會加上半透明的方格，就表示有阿爾法鎖定。要解除時，同樣用兩指將圖層往右滑一下即可。

阿爾法鎖定功能最適合的用途就是繪製花紋或填色，例如畫好物件後，啟動阿爾法鎖定，即可用圖樣筆刷在物件上繪製花紋，不用擔心畫到透明背景上。

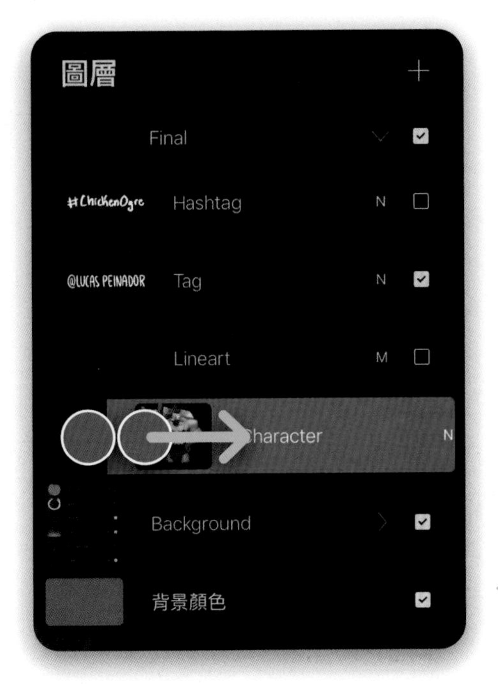


◀ 用兩根手指將圖層往右滑，即可啟動阿爾法鎖定

### 鎖定透明區域

繪製物件的輪廓後，啟動**阿爾法鎖定**，接著就只能在該輪廓內部繼續畫陰影或細節。用這種方式畫畫，就不用擔心筆觸超出範圍，可讓畫作保持整潔。

▲ 未啟動阿爾法鎖定時，上色很容易超出範圍，畫到圖形之外

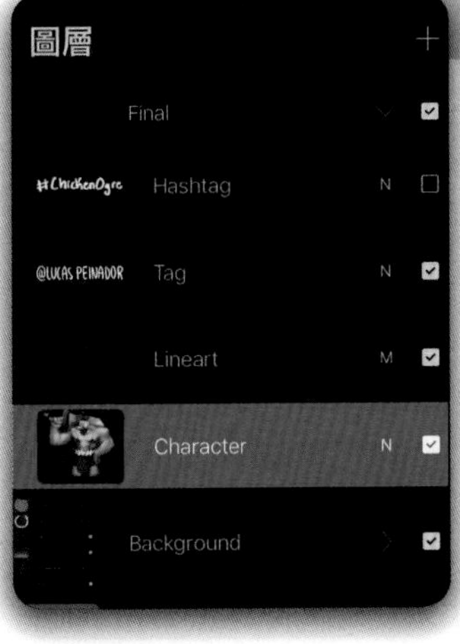


▲ 啟動阿爾法鎖定

▲ 啟動阿爾法鎖定後，透明區域就會上鎖，不會畫到圖形外面

# 圖層混合模式

前面提過圖層可讓不同的內容重疊呈現，其實不只重疊，你還能設定混合模式，讓某圖層與下面的圖層用不同的模式混合，打造完全不同的視覺效果。有些藝術家很擅長用混合模式來創作，也有一些藝術家主張不需要用到這個模式。

打開圖層面板來看，會發現圖層的右側都有一個小小的「N」圖示，N代表正常（Normal）模式，是預設的狀態。按下「N」圖示可開啟選單，除了正常以外還有八種混合模式。

如果更變更了圖層的混合模式，該「N」圖示會變成其他模式的縮寫，例如若切換為飽和度（Saturation），就會顯示為「Sa」。

在混合模式選單的上方，你會發現有個透明度滑桿，可同時調整圖層的混合模式和透明度。

以下將依功能分類解說幾種常用的模式。你可以任意開啟一張圖像，在圖像上層繪製色塊，並嘗試看看不同的模式，觀察會如何改變。

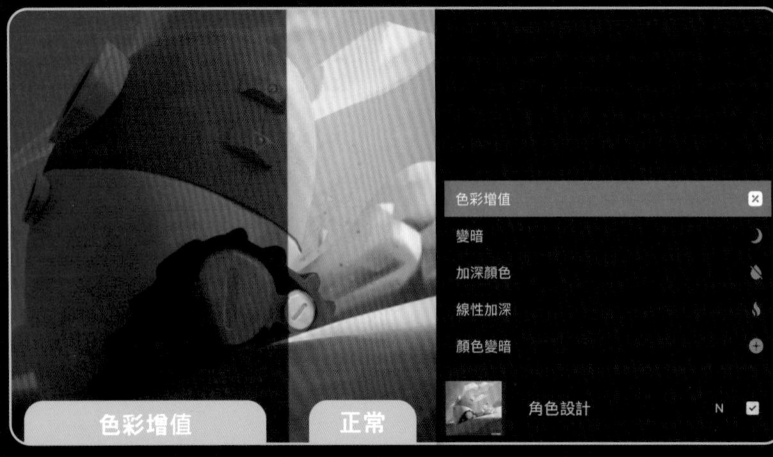


## 將圖像變暗的混合模式

選單最上方的幾種模式可以將混合效果變暗。例如變暗模式，可增強顏色，打造出更暗沉的混合效果。

此類別最常用的模式是色彩增值，它會將此圖層顏色與下方圖層顏色的值相乘，因此會製造出效果非常明顯的陰影。此模式無法讓純白色倍增或變暗，因此白色會變成透明。若你把線稿畫在白色圖層上，想要替白色圖層下方的圖層上色時，就可以設定這個模式。

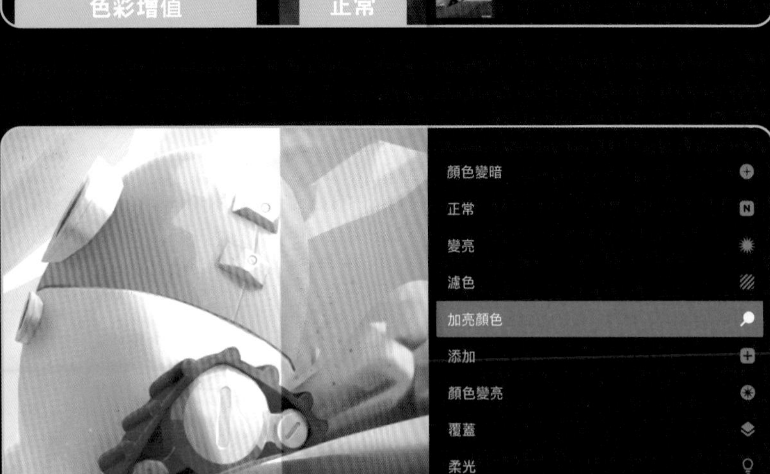


## 將圖像變亮的混合模式

這類的混合模式與上面相反，會將混合效果變亮。例如設定變亮模式，在混合後就能創造出更淺的顏色。

此類別中較常用的模式還有兩種，首先是需要在畫作上添加光源時，可以使用濾色模式；如果是要調高飽和度同時展現亮部，則可以使用加亮顏色模式。

## 提高對比的混合模式

接下來是可提高對比的幾種模式。所謂提高對比，意思是讓亮部變亮同時暗部變暗，因此能拉高圖像的明暗對比。

此類別最常用的模式是覆蓋模式，這個模式可以用來上色，或是透過混合模式改變整幅畫的氣氛。

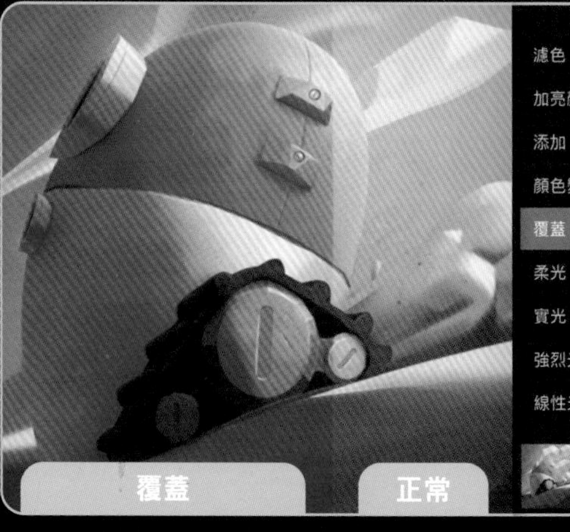


## 反轉顏色的混合模式

有幾種混合模式會將顏色重組或是反轉，甚至可以創造出負片效果。例如差異化模式和排除模式都屬於這類，如果你正在尋找更有實驗性的視覺效果，可以試試這些模式。

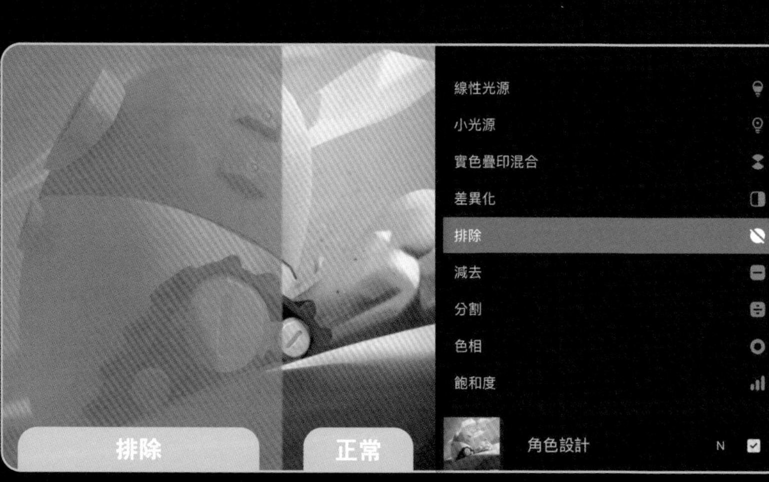


## 調整顏色的混合模式

選單下面的幾種模式是針對圖層的色相、飽和度和明度做調整。其中的色相模式和顏色模式通常是用來替灰階圖像添加色彩。你可以試用一下，看看它們如何改變圖像。

# 圖層選項

在圖層上點兩下，可叫出圖層選項功能表，和圖層有關的控制功能都整理在此。而且依圖層類型不同，出現的選項也會有差異。

重新命名　可替圖層重新命名。

選取　會選取此圖層的內容。關於選取功能請參考 p.50。

拷貝　會拷貝此圖層的內容，然後可用「三根手指向下滑」手勢叫出拷貝 & 貼上面板，將拷貝過的內容貼到新圖層（手勢可參考 p.26）。

填滿圖層　會將圖層填滿目前顏色。

清除　會清除此圖層全部內容。

阿爾法鎖定　會鎖定此圖層所有的透明區域，可參考 p.45。

遮罩　下方圖層會隱藏此圖層中畫黑色的區域，本頁下方有詳細介紹。

剪切遮罩　會讓目前圖層成為下方圖層的剪切遮罩，右頁有詳細介紹。

反轉　會將此圖層的顏色反轉。

參照　會將目前的圖層設定成參照圖層，常用於將線稿上色時，可將線稿設定為參照，然後在線稿上層使用色彩快填功能，則填色時就會自動填入位於參照圖層的封閉區域。

向下合併　會把目前圖層和位於它下方的圖層合併。

向下結合　會把目前圖層和位於它下方的圖層組合成一個群組。

編輯文字　如果是文字圖層才會有此選項，會打開文字編輯器。

點陣化　如果是文字圖層才會出現此選項，會把文字轉換為圖像。

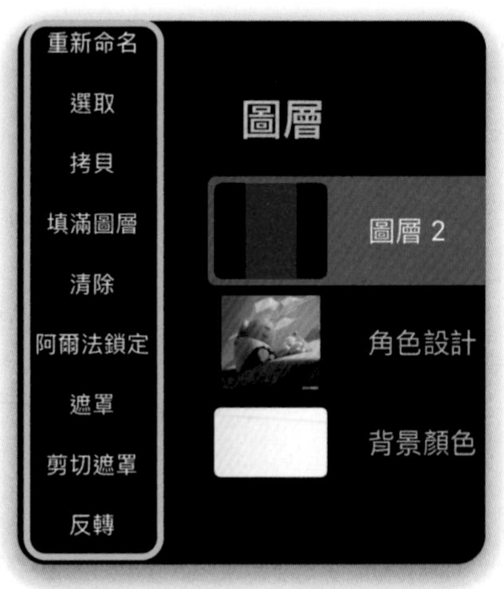


▲ 在圖層上點兩下，即可開啟圖層選項功能表

# 遮罩

## 如何使用圖層遮罩

遮罩（mask）也可稱為「遮色片」，是用來隱藏圖層的部分內容。使用方法是在圖層上點兩下，開啟圖層選項功能表後點擊遮罩，就會在所選圖層上方建立一個白色圖層，該白色圖層就是圖層遮罩。使用時要注意的重點就是：圖層遮罩的白色區域會顯示出來、黑色區域會隱藏。

右例替深藍色圓形建立圖層遮罩，並在遮罩上用黑色塗抹。則遮罩的白色區域仍顯示深藍色，但遮罩上的黑色塗抹區域則隱藏了深藍色，而露出更下層的淺綠色。

簡單來說，圖層遮罩可以讓圖層只顯示或隱藏部分內容，但不會真的將內容刪除掉。如果不需再使用，也可以隨時刪掉圖層遮罩。

▼ 圖層遮罩可讓你隱藏圖層的部分內容、但不會真的刪除內容

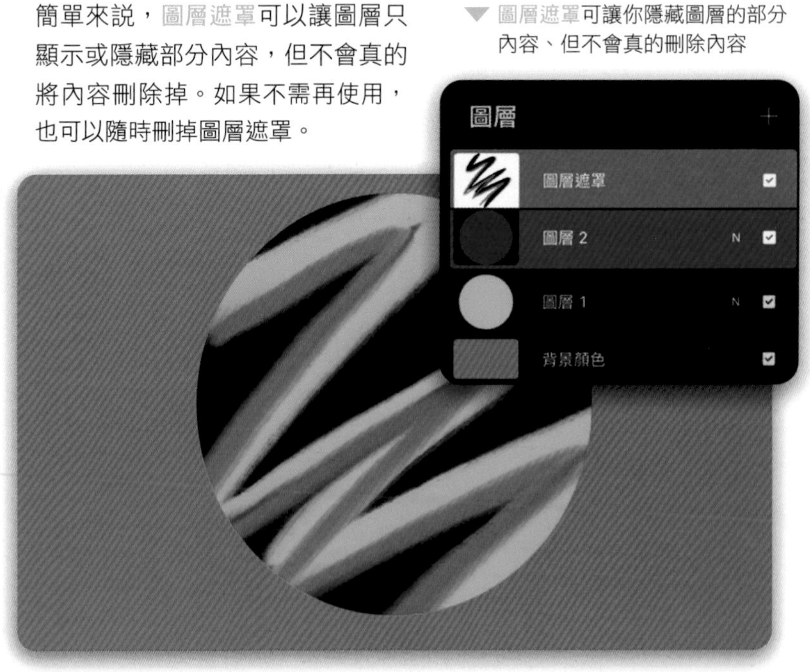

# 剪切遮罩

剪切遮罩（clipping mask）也稱為「剪裁遮色片」，乍看之下似乎和圖層遮罩很像，但剪切遮罩的功能其實更接近阿爾法鎖定。如果啟動阿爾法鎖定，會鎖定該圖層的透明區域，只能在已繪製的像素上描繪；啟動剪切遮罩可以做類似的操作，不過是畫在不同的圖層上。

右例是先在圖層上畫一個圓（使用快速繪圖形狀功能畫出正圓形，並且填入紫色）。接著在圓形圖層上方建立一個新圖層，並開啟圖層選項功能表，將它設定為剪切遮罩。你會看到新圖層的左側有個「向下的箭頭」圖示，表示新圖層會被下方的圓形物件剪裁。

設定好後，在剪切遮罩上無論畫了什麼內容，都只有下層物件（圓形）的範圍內會顯示出來。因此你可以這樣想，在剪切遮罩下層的內容，相當於阿爾法鎖定的非透明區域，下層有內容的區域才會顯示。

▲ 剪切遮罩可讓工作流程保持高效率。

## 用剪切遮罩畫陰影

替物件繪製陰影時，就非常適合用剪切遮罩。在畫好物件之後，建立一個新圖層，並將新的圖層設定為剪切遮罩。接著在遮罩上繪製漸層陰影，該陰影就不會超出下層物件的範圍，這樣畫就可以分層控制此物件的顏色以及陰影。

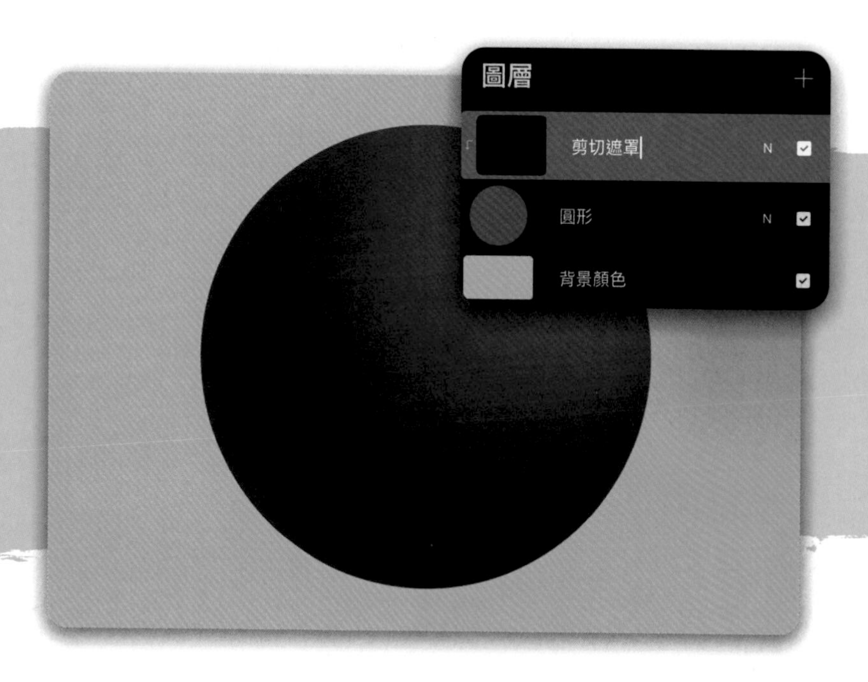

# 選取

選取功能可以用在選取一個範圍來繪圖，或是選取元素來變形（變形功能的介紹可參考 p.54）。

點擊畫布介面左上方的「S」圖示，螢幕底部就會出現選取功能面板。這裡提供四種選取模式，以及多種選取範圍編輯工具。

通常在選取了圖像的一部分之後，就只能在該選取範圍裡修改，若要改變選取範圍，就要利用本章介紹的多種工具來修改選取區域。

在本章中，你會學到這些：

- 活用選取功能來改善創作流程
- 清除或儲存選取範圍
- 載入之前儲存的選取範圍
- 使用自動模式選取
- 使用徒手畫模式選取
- 使用長方形和橢圓模式選取
- 使用選取範圍編輯工具調整選區：添加、移除、反轉、拷貝 & 貼上、羽化、儲存 & 載入、顏色快填和清除

## 用自動模式選取

面板上方有四種選取模式，第一種模式是自動，使用方式非常簡單，只要用手指在螢幕上點擊要選取的地方，就會選取周圍的顏色範圍，已選取的範圍會以單色顯示。

自動模式中選取範圍的大小取決於選取臨界值，用手指點擊螢幕後若往右滑動，選取臨界值會越來越大（表示對顏色的容許值變大），選取範圍就會增加；反之，若是將手指往左滑動，選取臨界值會越來越小，而選取範圍就會越來越小。

當你選取想要的區域後，可以點擊介面右上方四個工具鈕，這時選區以外的地方會覆蓋一層斜線條紋，稱為「選取範圍遮罩」，是用來讓你確認選區。如果你要返回選取畫面或修改選取內容，請長按選取圖示，直到選取功能面板再次出現。

有時候我們都已經將圖層合併了，才想要修改某個顏色相近的區域，例如選取角色的頭髮，或是要選取風景畫中的整片天空來編輯時，用自動模式選取就是最快速的方法。

使用自動模式選取時，有一點需要特別注意，就是會選到所有開啟中的圖層內容。若有不想選到的圖層，建議先關閉圖層再使用此功能。

▼ 用自動模式選取並降低選取臨界值，可精準地選到顏色相近的範圍

# 用徒手畫模式選取

若你覺得自動選取模式不易控制，不如試試看徒手畫選取模式。請在選取功能面板中按下徒手畫鈕，用手指或觸控筆在螢幕上拖曳，即可描繪想要選擇的區域（會以虛線圈起來）。描繪選區時，如果覺得一筆畫完有點困難，也可以用點擊螢幕的方式，第一次點按就會放置一個起始點，然後再次點擊，就會自動產生虛線（描繪選取區域）。請繼續以這種方式點擊，圍繞著要選取的內容來描繪，最後再次點擊起始點即可完成選取。如果繪製多個形狀，還會把選取的區域加在一起。

簡言之，徒手畫選取模式可用手繪也可用點擊的方式描繪多邊形，你可以活用這兩種技巧，圈選出需要的選取範圍。

▼ 徒手畫選取模式能讓你隨心所欲地描繪選區

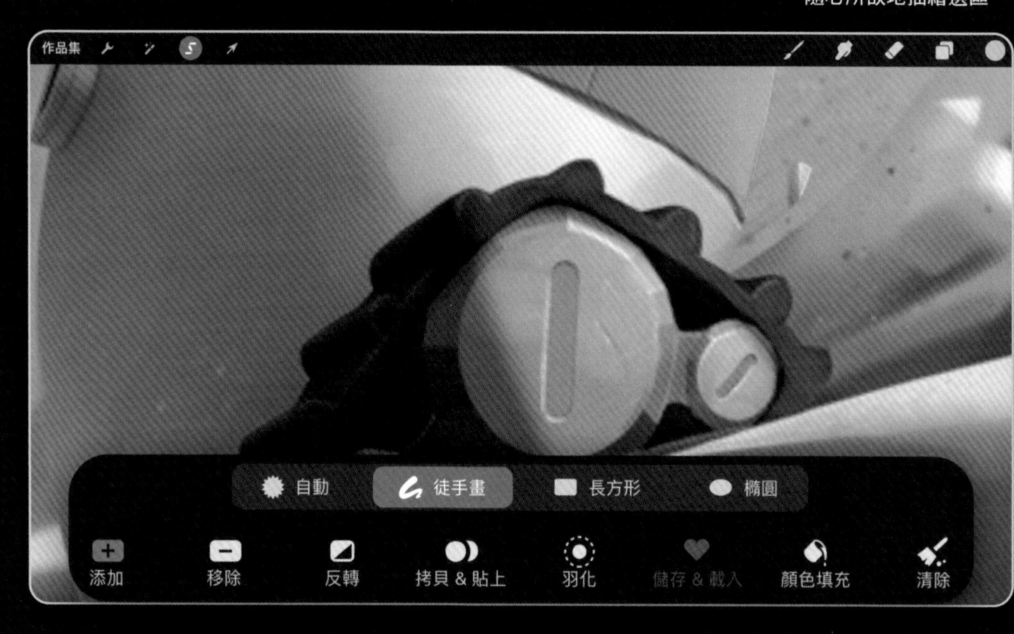

## 用長方形和橢圓模式選取

光用自動或徒手畫選取模式不容易選取精準的形狀，其他兩種模式就可以幫助你選取方形或圓形區域。請在面板中點擊長方形或橢圓鈕，在螢幕上拖曳出需要的形狀即可。分享一個小技巧，在你用一根手指拖曳出橢圓形選區時，如果同時用另一指按住螢幕，就可以把橢圓的選取區域變成正圓形。

▼ 長方形和橢圓選取模式可迅速製作出特定形狀選區

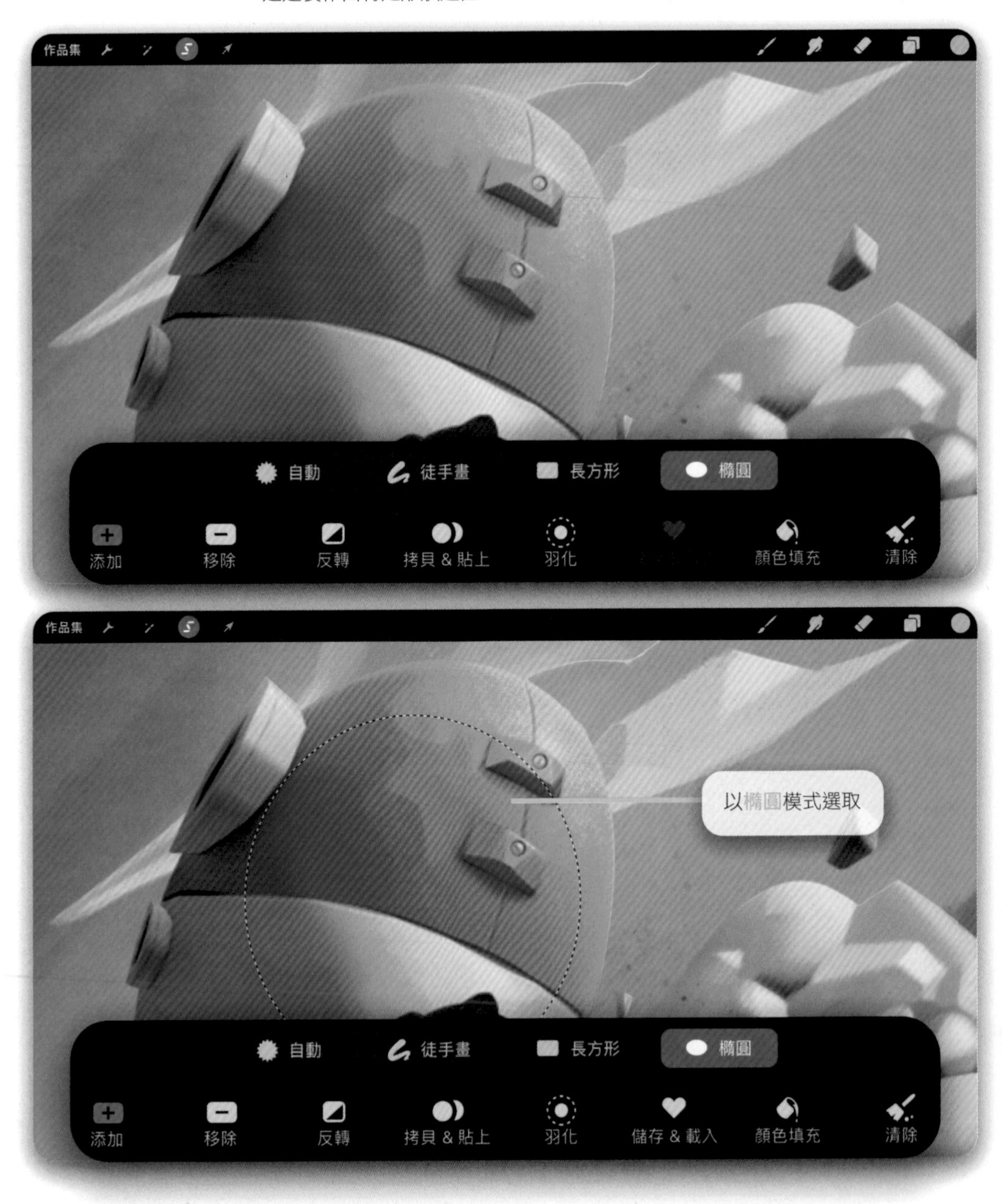

# 選取範圍編輯工具

選取功能面板下半部有八種工具，都可以用來編輯選取的範圍。例如當你用徒手畫模式選取時，就可以搭配添加或移除鈕，來增加或減少選取範圍，讓你效率加倍！

反轉鈕可以反轉目前的選區，這個功能非常方便，有時我們可以選取不想畫的區域，然後再反轉選區，這樣可能會比直接建立選區更容易。

拷貝 & 貼上會拷貝目前選取的內容，直接貼到新的圖層。請記得此功能僅適用於目前所選的圖層，因此請先確定選取的內容都在同一圖層，再執行拷貝 & 貼上。

羽化功能可以讓選取的範圍邊緣柔化，營造出漸層效果。按下羽化鈕時，會彈出羽化面板，可用滑桿控制量的多寡。調整時，選取範圍遮罩的斜條紋圖案也會依羽化程度而刷淡。

儲存 & 載入功能，可將選取範圍儲存起來，以便下次載入（不必重選）。至於顏色填充功能，只要按下此鈕，可在選取範圍的同時填入顏色。

清除則可以取消目前的選取區域，如果你想重新選取，請按一下此鈕即可刪掉選區。

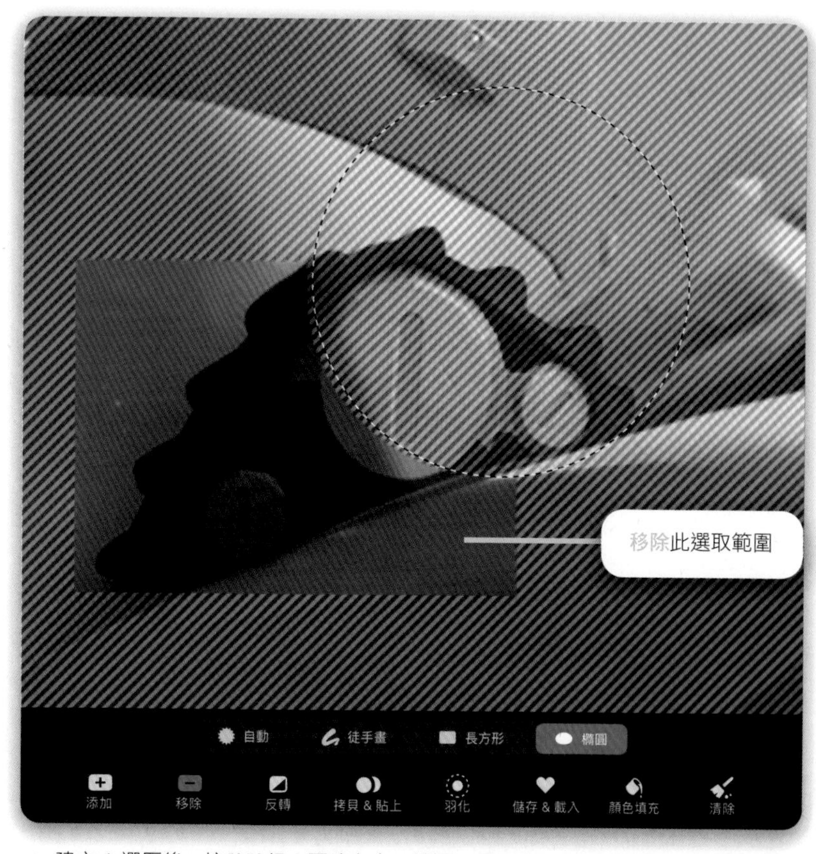


▲ 建立 A 選區後，按移除鈕，再建立出 B 選區，即可從 A 選區中移除掉 B 選區的範圍

## 調整選取範圍遮罩

**選取範圍遮罩**會加上斜條紋，如果你覺得條紋會干擾編輯，可按下**操作**鈕切換到「**偏好設定**」頁次，調整下方的「**選取範圍遮罩可見性**」滑桿，即可增加或降低遮罩的透明度。

# 變形

Procreate 的變形功能可以讓你移動、翻轉、旋轉、扭曲或彎曲物件，是非常實用的功能。在畫布介面點擊左上方的箭頭按鈕，就會開啟變形功能面板。變形功能和選取功能是相輔相成的，假如你已選取了某個範圍（選取方法請參考上一章），就能將選取的區域變形；若你目前沒有選取任何東西，啟動變形功能後就會將目前圖層的全部內容變形。

變形功能與選取功能有點像，按下工具鈕會開啟面板，包括多種模式與選項。你可以開啟任一張圖片，跟著本章操作看看。

在本章中，你會學到這些：

- 活用自由形式和均勻變形模式
- 活用扭曲和翹曲變形模式
- 利用雙線性功能來插補點
- 水平翻轉與垂直翻轉物件
- 旋轉物件
- 讓物件配合螢幕尺寸，並且學習如何重設它們
- 使用磁性功能以等比例縮放物件
- 使用三種插補方式

## 自由形式和均勻變形模式

建立一個物件後，點擊變形鈕叫出變形功能面板，該物件就會被一個虛線的變形框包圍住，即可將物件移動或變形。

變形框上的 8 個藍色變形點可調整物件的形狀，上方的綠色圓點則用來旋轉物件。如果按住變形框四角的藍色變形點並拖曳，就可以同時調整此物件的寬度和高度。在變形過程中，如果想恢復原狀，可隨時按下面板上的重置鈕。

變形功能面板上方有四種模式，在縮放物件的同時，選擇用自由形式或均勻模式，會有明顯的差異。

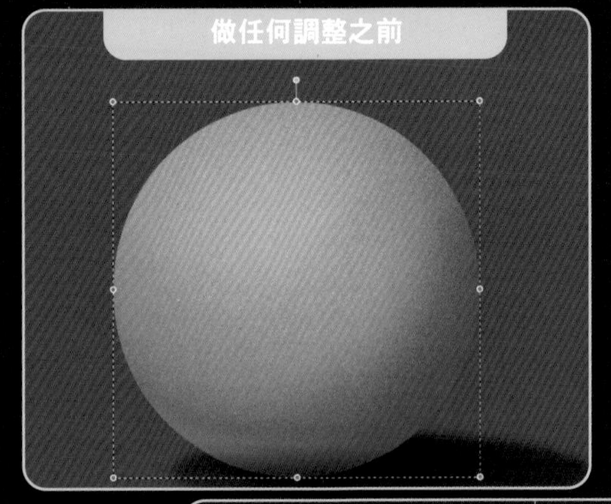

### 自由形式變形模式

如果在拖曳控制點、縮放物件時，是選擇自由形式，即可任意擠壓或拉伸物件的比例，不會受到限制。

▶ 變形物件時使用自由形式模式，就可以任意變更物件的比例

## 均匀變形模式

另一方面，若在變形時有設定均匀變形模式，則在變形時就可以維持物件的比例，無論怎樣拖曳，都會維持原本的長寬比例，不會被壓扁或拉長。

自由形式和均匀這兩種模式各有其適合的用途，例如調整人物頭部時，會想要維持比例；但如果是在調整一塊岩石，搭配背景改變其比例，會使它看起來更自然。

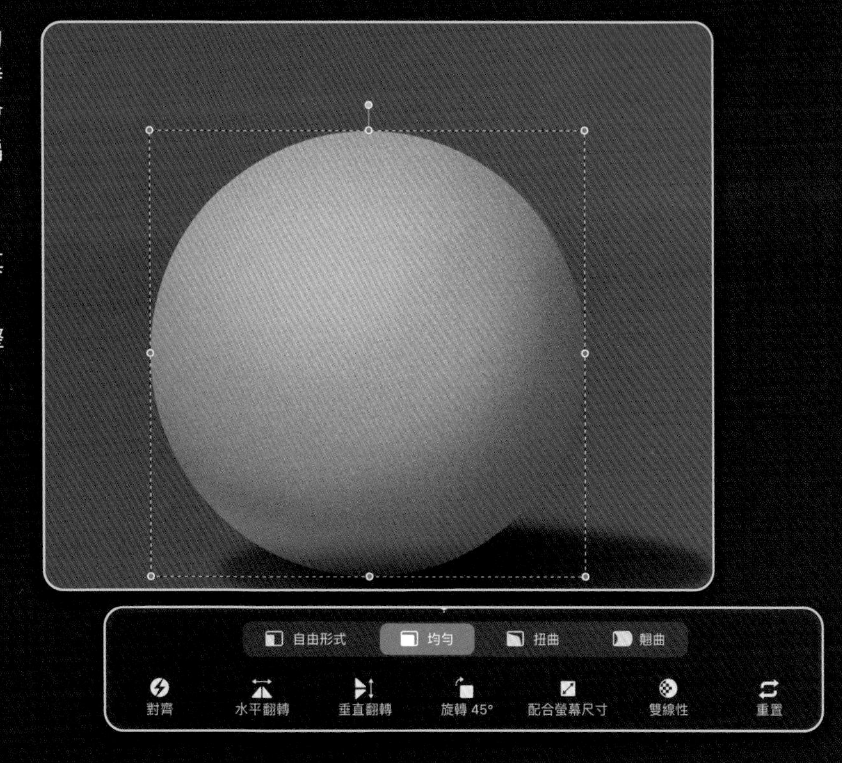


# 扭曲

在前面兩種模式中，拖曳變形框時長寬都會同步變動，但如果切換到扭曲模式，不僅可以任意變形物件，而且變形框上的每個點都可以任意拖曳。這樣一來，變形會更自由，甚至可參考透視方向來扭曲物件，模擬出 3D 立體感。

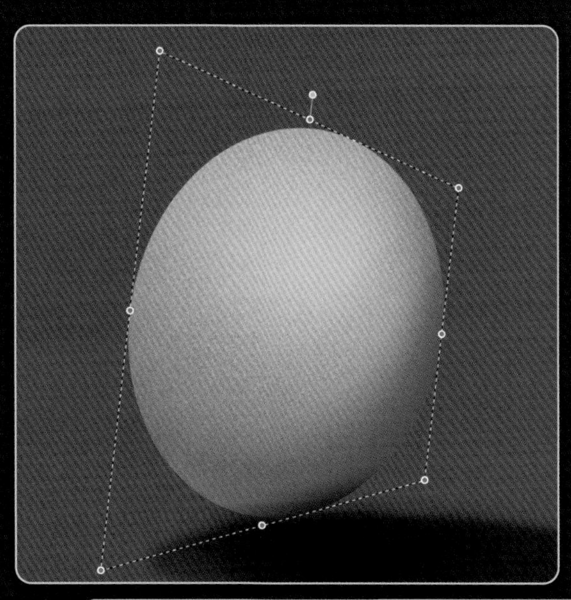

▶ 如果要任意改變形狀，建議選擇扭曲模式

# 翹曲

變形物件時如果切換到翹曲模式，物件上會覆蓋變形網格，網格中的節點都可以拖曳調整，不只四個角，內部的節點也可以隨意拖曳。因此你可以把物件任意彎過來折過去，就好像是把物件畫在紙上一樣。

切換到此模式時，請注意變形功能面板下方的最左側會出現進階網格工具，如果想更仔細地調整物件，可啟動此功能，啟動後會將網格上所有的節點都變成藍色控制點，你可以更仔細地控制每個點的位置。

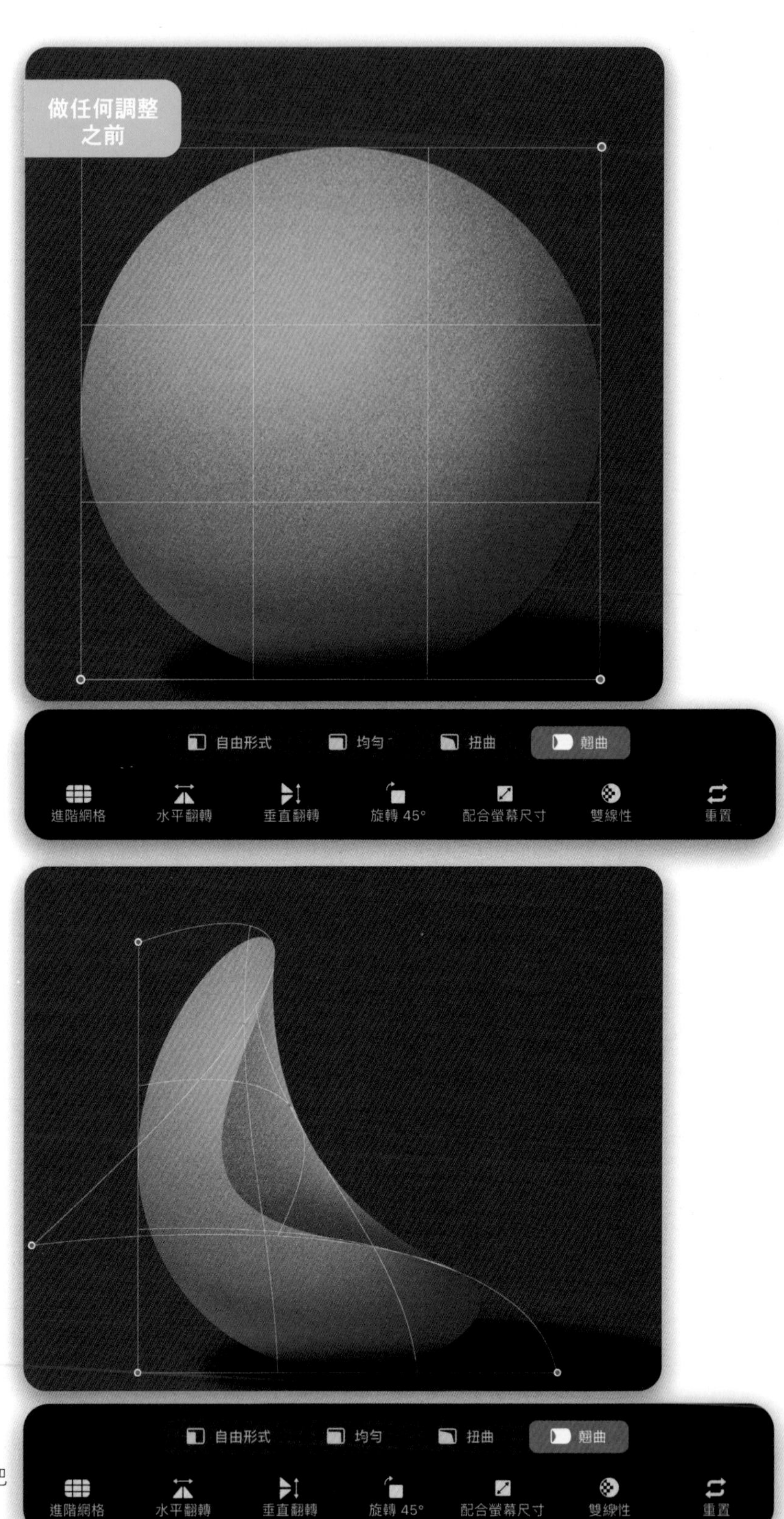


▶ 翹曲模式會加上變形網格，讓你可以把物件彎來彎去，就像在彎曲一張紙一樣

# 變形工具

在這四種變形模式之下，還有七種好用的變形工具，提供更多細部的變形設定，你可以依自己的習慣去調整每一種變形模式。

## 對齊

按下對齊鈕會開啟一個設定面板，包括磁性、對齊、距離、速度四個項目。若開啟磁性和對齊功能，在移動或旋轉物件時就會出現藍色的參考線，並且會依固定數值變形，例如在旋轉時以 15 度為增量。

當你需要沿直線移動物件，或是要依特定角度旋轉物件時，建議開啟磁性和對齊功能。

## 水平翻轉和垂直翻轉

水平翻轉和垂直翻轉的意思很明顯易懂，很適合用來製作對稱的物件。

## 旋轉 45°

旋轉 45° 項目如字面上所示，按下就會讓物件旋轉 45 度。不過只要你開啟對齊 / 磁性功能，也可以輕鬆地將物件旋轉 45 度。

## 配合螢幕尺寸

如果點選配合螢幕尺寸鈕，會自動放大目前選取的物件，直到物件的邊界碰到畫布的邊界。此功能可以快速將物件的高度或寬度變成符合畫布的大小。

## 插補

按下插補鈕會開啟插補面板，這裡提供三種插補點方式，包括最近鄰、雙線性、雙三次，目前選擇的項目會顯示在面板上。

什麼是插補點呢？在變形物件時，Procreate 會依此處的設定去運算、插補圖中的像素。若選最近鄰，會取樣物件邊緣最接近的一個像素，容易使邊緣出現鋸齒；雙線性採樣的像素較多，邊緣較平滑；雙三次取樣的像素更多，運算速度較慢但效果最好，建議你每種都試試看。

## 重置

變形的過程中如果想要恢復原狀，可隨時按下重置鈕，會將物件恢復為變形前的原始狀態。

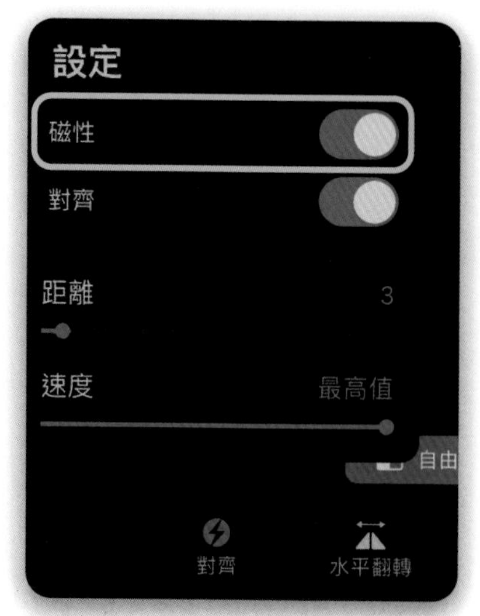


▲ 開啟磁性功能可沿著特定角度移動或旋轉

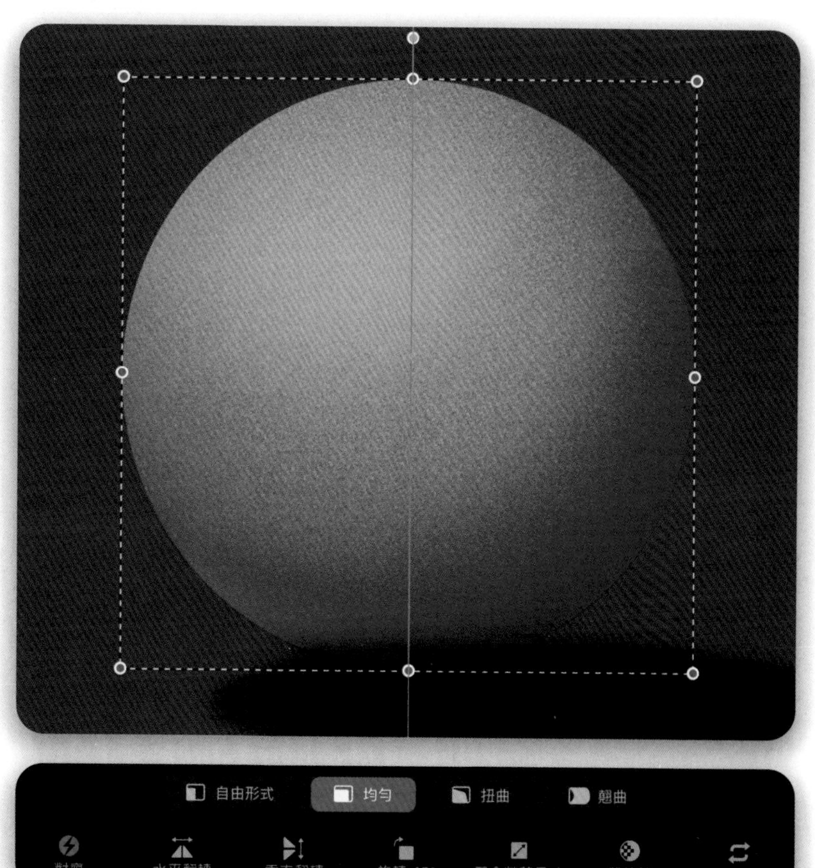

# 調整

畫布介面左上方有個魔術棒圖示，按下後會開啟調整面板。調整面板的功能非常豐富，包括編修照片時常用的色相、亮度調整，或是一般編修軟體中常見的濾鏡功能等。

調整功能只會套用在目前選取中的圖層，你可以套用在整個圖層或是選取的區域。此外，某些功能可以選擇要套用在圖層或用觸控筆塗抹的區域，以下舉例說明。

畫好一個物件後，打開調整面板，按下高斯模糊，會出現兩個選項：圖層和 Pencil。如果選圖層，接下來會將高斯模糊套用在整個圖層（或選取的區域）；但如果選 Pencil，則高斯模糊效果只會套用在「接下來用觸控筆塗抹的區域」。在調整面板中除了液化和克隆工具這兩種功能之外，都可以選擇要將效果套用在圖層或 Pencil，請依需求來選擇。

在本章中，你會學到這些：

- 活用調整面板來輔助繪畫
- 套用高斯模糊特效
- 套用動態模糊和透視模糊特效
- 套用銳利化特效
- 套用雜訊特效
- 套用液化特效
- 調整圖像的色相、飽和度、亮度
- 調整圖像的色彩平衡
- 利用曲線調整圖像
- 使用梯度映射功能套用漸層濾鏡

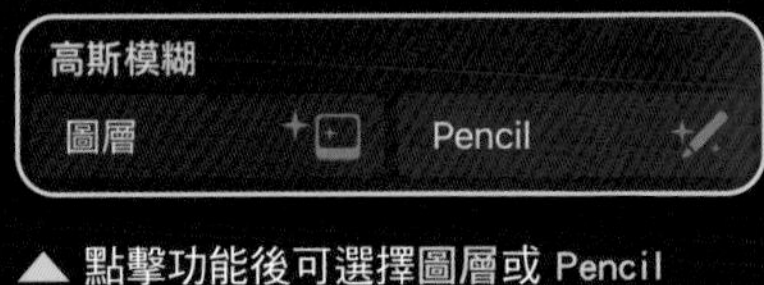


▲ 點擊功能後可選擇圖層或 Pencil

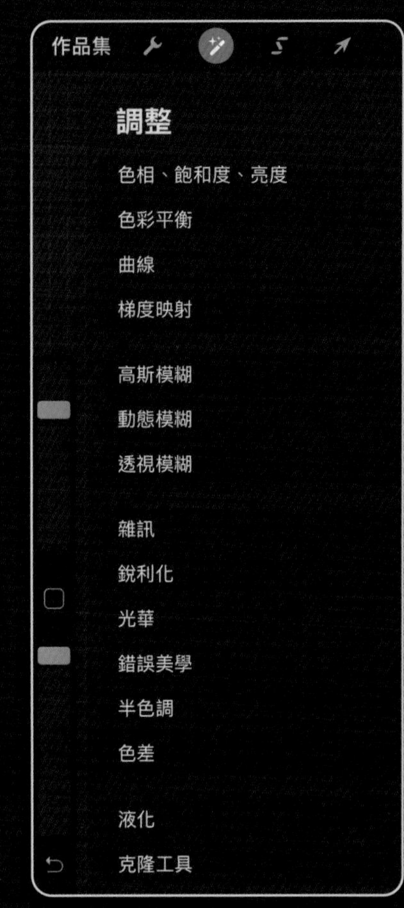


▶ 點擊魔術棒圖示會出現調整面板

## 高斯模糊

高斯模糊是非常實用的調整功能，可以替整個圖層（或選取的區域）套用均勻一致的模糊效果。有許多情境特別適合使用高斯模糊效果，例如將角色背後的背景變模糊、或是在角色背後製作模糊的漸層色；或是畫光芒或雲彩等。

操作方式非常簡單，請在調整面板按高斯模糊，選擇圖層，再用手指在畫面上往左或往右滑，越往右滑會越模糊、越往左滑則減少模糊。

▶ 要表現距離感時，可利用高斯模糊將角色後面的背景變模糊

# 動態模糊和透視模糊

動態模糊和透視模糊的效果與高斯模糊很像，同樣可以把圖像變模糊，但模糊的效果可以往指定方向延伸。

## 動態模糊

動態模糊可以讓圖像往指定的方向模糊，可製造移動速度很快的錯覺，或模擬物體與鏡頭平行移動的狀態。

請在調整面板按下動態模糊，選擇圖層，然後用手指在畫面上滑動，滑動方向會成為模糊的方向，滑動的距離（起點到終點）則決定模糊的量，滑動距離越長就會越模糊。

## 透視模糊

透視模糊也稱為「放射狀模糊」，會以放射狀模式呈現模糊效果，若要模擬物體往鏡頭快速移動的狀態，這個功能應該會很實用。

透視模糊的操作模式和前面不同：在調整面板按動態模糊，選擇圖層，這時圖像上會出現一個圓點，它會成為放射狀模糊的中心點，你可以拖曳該圓點、將它放到想要的位置。

畫面下方還會出現按位置、按方向這兩個選項，預設是按位置，將會以圓點為中心往四周放射狀模糊；如果切換到按方向，則會以圓點為中心往指定方向放射狀模糊，例如創造圓錐形的放射狀模糊效果。

將圓點放到想要的位置、設定模糊的方式後，用手指在圖像上往左或往右滑動，即可增加或降低模糊量。

▲ 動態模糊可以營造一種移動的速度感

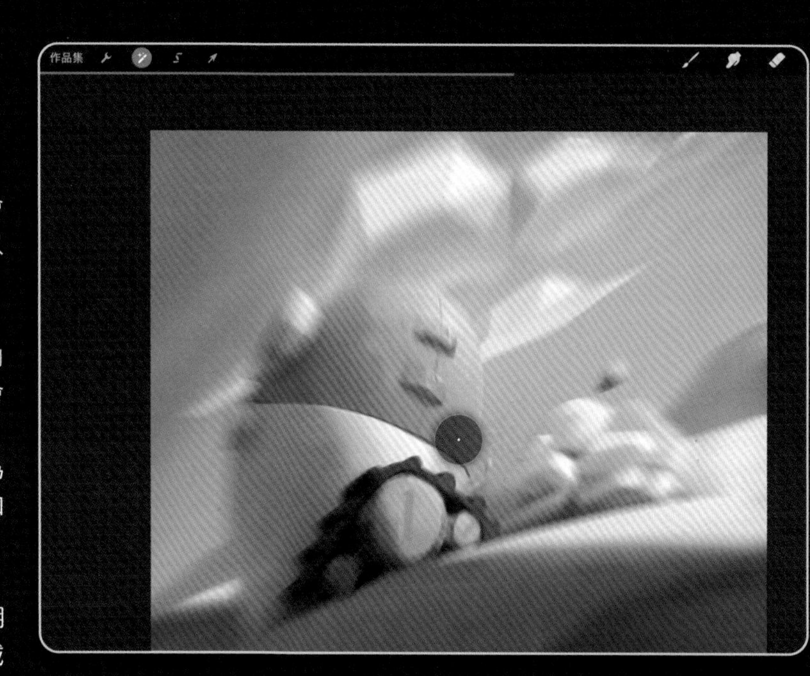


▲ 透視模糊可以營造往中心點（透視點）移動的感覺

# 銳利化

如果覺得圖像不夠清晰，可以使用調整面板中的銳利化功能，調整後會增加相鄰像素之間的對比度，讓圖像的邊緣更清晰。

在調整面板按銳利化，選擇圖層，再用手指往右或往左滑動，越往右滑就會增強銳利化的強度，越往左滑則會降低。不過請你要小心操作，調整時總會忍不住一直想向右滑，但過度銳利化會使圖像看起來太過粗糙，反而損壞手繪畫面的細節。

▼ 銳利化是加強表現細節的好方法，但請注意不要銳利化得太過頭

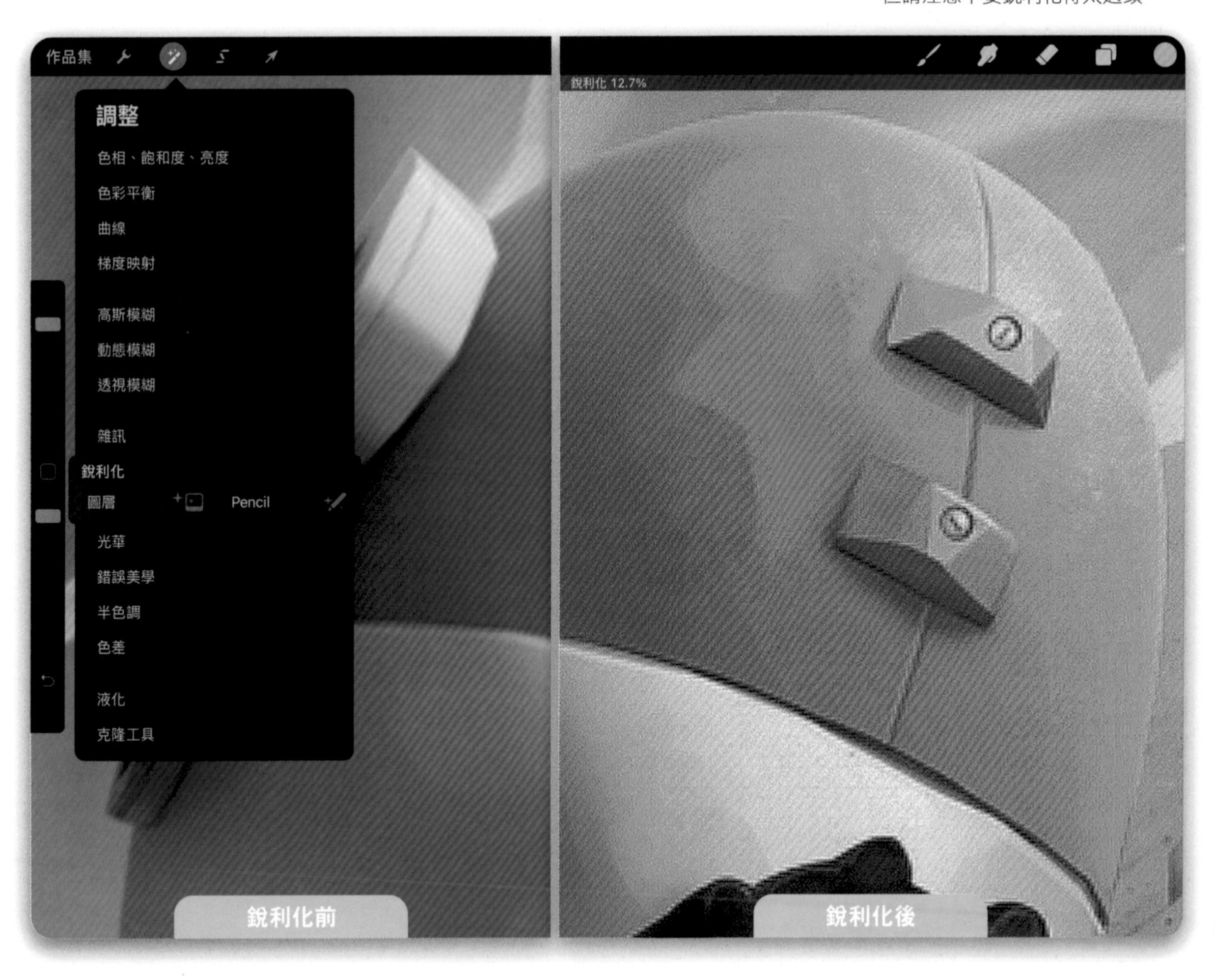

## 雜訊

如果把照片或影片放到很大來看，就會發現上面到處都是雜訊，畫面佈滿細微的顆粒，使作品獨樹一格。相較之下，數位繪畫作品有時讓人感覺太平滑、太乾淨和缺乏質感。因此，如果想讓數位繪畫作品質感更豐富，可以添加一層雜訊來模擬。

在調整面板按下雜訊，選擇圖層後，可在畫面下方面板選擇模式：雲朵模式的顆粒最粗糙、湧現模式稍微細一點、山脊模式的顆粒最細緻。另外還有三個進階選項：比例可以控制雜點大小、倍頻會調節雜色的複雜度並增添細節、湍流則會同時提高複雜度與細節顆粒。

面板最右側還有一個通道鈕，通道（Channel）與色版同義，這裡可以設定雜訊色彩為單一（黑白）或是多種雜色；疊加則控制雜點透明度，建議開啟，讓下層的影像透出來。

設定好後，用手指在畫面上滑動，即可增加或減少雜訊量，調整時，可以繼續用下方項目調整畫面的細緻度。在替影像增加雜訊或是套用銳利化時，都要記住「少即是多」，因為過度的特效會讓圖像看起來不自然、讓作品充滿人工感。

### 活用遮罩來調整局部

如果你只想針對圖像的小區域做調整，你可以在點選調整功能後選擇「Pencil」，然後用觸控筆塗抹局部。如果覺得不容易控制，別忘了還可以活用前面學過的「**遮罩**」功能，可以更加精準地控制圖像上要隱藏或顯示的區域。以左圖為例，就是活用遮罩控制，讓角色只有臉部保持清晰，其他區域都套用高斯模糊。

# 液化

液化就是扭曲影像，在調整面板中點擊液化，畫面底部就會出現一個液化工具面板，包含各種液化工具和滑桿，以下將說明其中幾種比較常用的液化功能。

## 液化工具面板

液化工具面板上半部有十個按鈕，包括左邊八種工具和右邊的調整鈕與重置鈕。無論做哪一種液化效果，都可用調整鈕調整液化程度，或是按重置鈕取消液化。

八種液化工具中最常用的是推離、捏合和膨脹。推離可推開圖像，就像將圖像抹開。捏合或膨脹的用法是在圖像上長按，選捏合會讓圖像往筆刷中間集中、選膨脹會讓圖像往筆刷外圍推開。其他的工具或許效果很有趣，但可能不太實用，如順時針扭曲、逆時針扭曲、水晶和邊緣等功能，效果可能會有點奇怪。

## 液化控制滑桿

面板下半部的四個滑桿是用來調整液化筆刷：尺寸決定液化筆刷大小，壓力會控制液化效果的強度。動量是指當觸控筆離開螢幕後，液化還能持續發生的程度；而扭曲則會在液化時增加不規則扭曲的變化。

▲ 液化工具面板，調整時可利用右側的調整鈕控制液化程度，或按重置鈕將圖像恢復原狀

# 色相、飽和度、亮度

在調整面板按色相、飽和度、亮度，選擇圖層，就會出現一個調整面板，包括色相、飽和度、亮度三個滑桿。調整色相會改變顏色，調整飽和度和亮度就如字面上的意思。你可以試著替畫作套用不同的顏色組合。

在調整過程中，用手指按一下畫面，會出現一組五個按鈕，讓你選擇要套用效果、預覽或是重置影像。

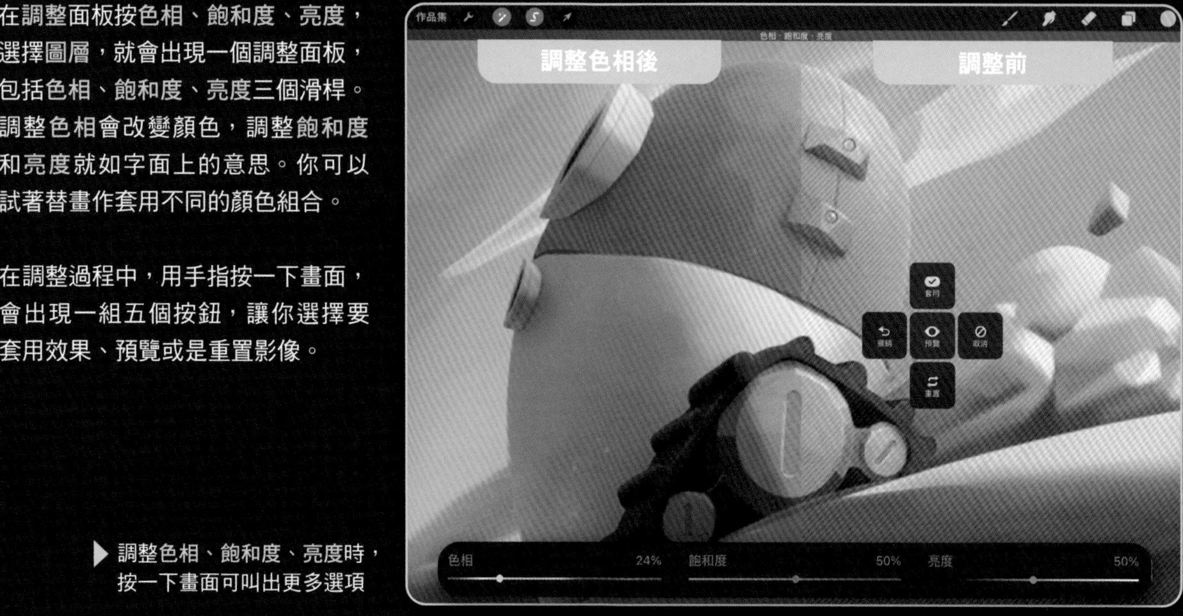


▶ 調整色相、飽和度、亮度時，按一下畫面可叫出更多選項

# 色彩平衡

色彩平衡就像進階版的色相、飽和度、亮度調整功能，可以做更細節的色彩調整。如果說色相、飽和度、亮度是油漆桶，則色彩平衡就像是油漆刷。

在調整面板按色彩平衡，選擇圖層，會出現三組顏色滑桿，你可以藉著移動每種顏色的滑桿，控制畫作裡的紅色、綠色和藍色的比例。按下最右邊的光源圖示，可選擇要調整陰影、中間調或亮部的顏色。

色彩平衡可以微調圖像中的顏色。例如要降低陰影的色溫、並要提高亮部的色溫時，都可以切換調整。在調整過程中用手指按一下畫面，也可叫出五個控制鈕來輔助操作。

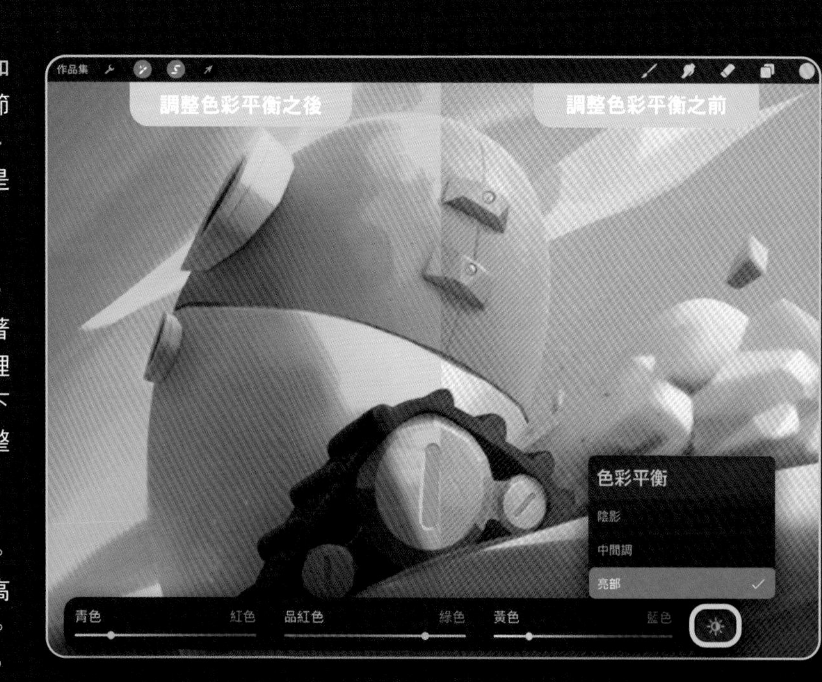


▲ 色彩平衡的效果比色相、飽和度、亮度的調整選項更精細

# 曲線

曲線可以進一步去控制畫作裡每種顏色的明暗，是很強大的調整功能。初學者可能對曲線不太熟悉，甚至會有點害怕，不過只要多了解曲線所代表的含義，就會發現這跟其他工具一樣簡單好用。

在調整面板點選曲線，選擇圖層，畫面下方就會出現曲線功能面板，包括色階分布圖和色版切換按鈕。圖中可看到每種顏色的分布，並有一條線貫穿中間。在曲線上按一下，就會建立一個點。只要拖曳這些點，就會影響圖像上不同的亮度範圍，若向上拖曳會使讓亮度範圍更亮，向下拖曳會使亮度範圍更暗。

曲線功能面板有四種模式，預設為伽瑪，這表示要同時調整紅、綠、藍色色版。

許多插畫家只把曲線功能用在微調畫作的整體色調和亮度，其實可以試著更進一步修改每種顏色的亮度範圍。舉例來說，如果覺得圖像的亮部有點太黃，可將曲線功能面板切換成藍色（因為藍色就是黃色的互補色），將藍色曲線右側往上拉，這樣就會增加亮部裡的藍色的量，同時減少黃色的量。

在調整過程中用手指按一下畫面，也可叫出五個控制鈕來輔助操作。

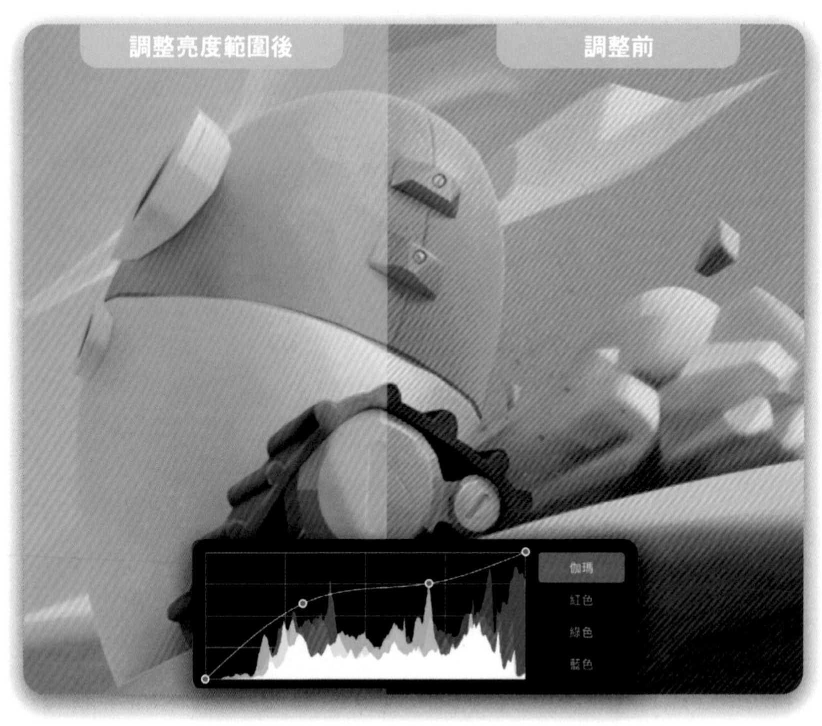


▲ 在曲線上按一下就會產生一個點，往上拉可以調亮、往下拉則會調暗

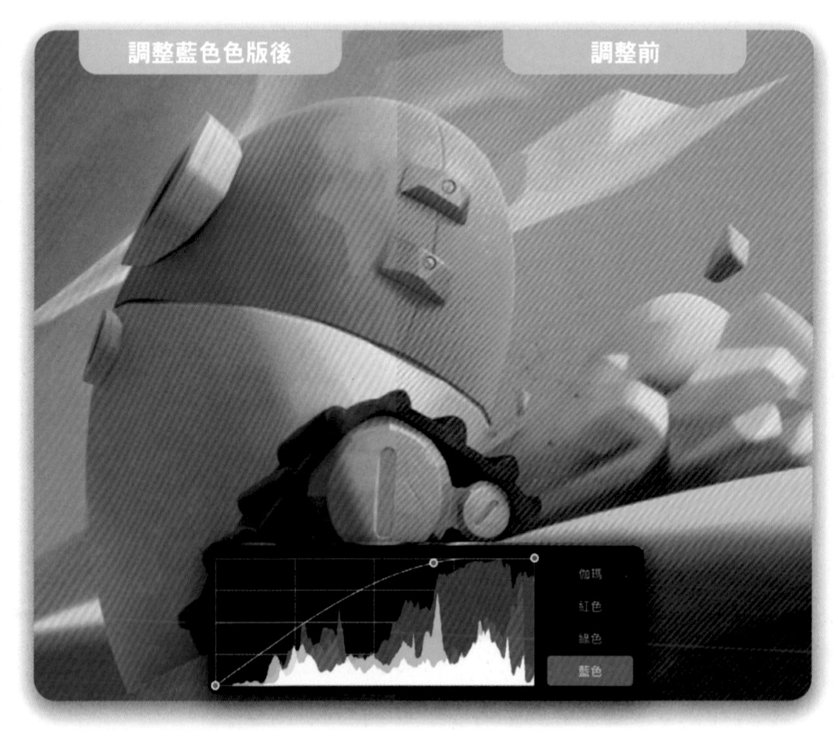


▲ 預設是調整整體的色彩分布（伽瑪模式），可利用右側按鈕切換成調整單色色版，上圖為調整藍色色版

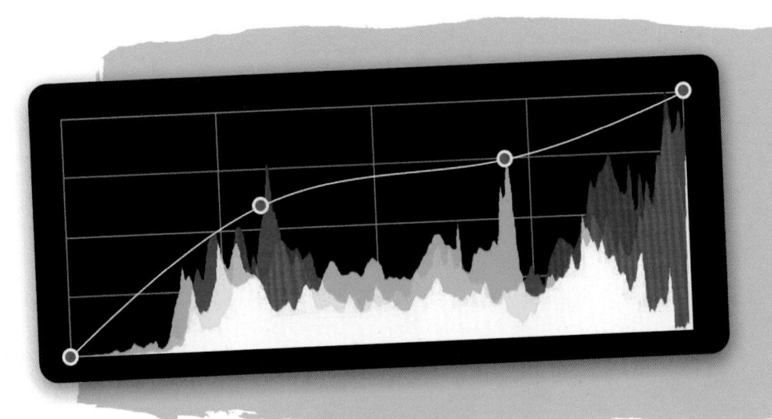

## 色階分布圖

在 Procreate 和許多編修軟體中，都是用這種**色階分布圖**來表現亮度，長條圖最左邊是最暗（黑色），最右邊則是最亮（白色），所有亮度都介於這兩者之間。每條長條的高度表示該亮度的像素量。

## 梯度映射（漸層濾鏡）

梯度映射可快速替圖像套用漸層色濾鏡。如果你在畫完作品時，需要把畫作快速換個色彩風格，此功能可以節省不少時間。

在調整面板點選梯度映射，並選擇圖層，畫面下方會出現梯度庫面板。

梯度庫面板中提供多種風格的漸層濾鏡可供套用，例如霓虹燈、火焰、摩卡等。如果沒有想要的漸層色，可按面板右上角的「＋」鈕，打開梯度面板來自製漸層色。

▼ 在梯度庫中套用火焰漸層色

梯度映射
完成
梯度

◀ 按面板右上方的＋鈕可開啟梯度面板自訂漸層色。按下方塊，會開啟顏色面板讓你選色，若在色帶上按一下，可再新增方塊

在 Procreate 中想調整任何設定時，例如要修改畫布大小、要插入文字或圖片、要轉存作品，要改變控制手勢……等，都是在操作面板設定。按下畫布介面左上角的扳手圖示，即可開啟操作面板，以下將會說明操作面板中幾項最常用的設定。

在本章中，你會學到這些：

- 使用添加文字工具
- 使用畫布頁次調整各種設定
- 開啟與編輯繪圖參考線
- 使用繪圖輔助模式
- 自訂偏好設定中的常用選項，讓 Procreate 變得更好用
- 使用手勢控制面板，依使用習慣自訂 Procreate 的常用手勢
- 匯出 Procreate 的縮時記錄影片，了解縮時影片如何幫助藝術家們分享作品與互相學習

## 添加

打開操作面板後，會發現分成 6 個類別頁次，第一個頁次就是添加。這個頁次有幾種常用的功能：

- 插入一個檔案：可以從這台 iPad 或自己的雲端空間插入檔案。
- 插入一張照片：可插入 iPad 相簿中的照片。
- 拍照：用 iPad 拍照並匯入該照片。
- 添加文字：插入並編輯文字。

除了上述的這幾個功能，還有剪下、拷貝、貼上等常用操作。這些功能其實用手勢叫出選單會更方便（請參考 p.26 的介紹），但是假如你覺得手勢不容易記住，也可從這個面板執行常用操作。

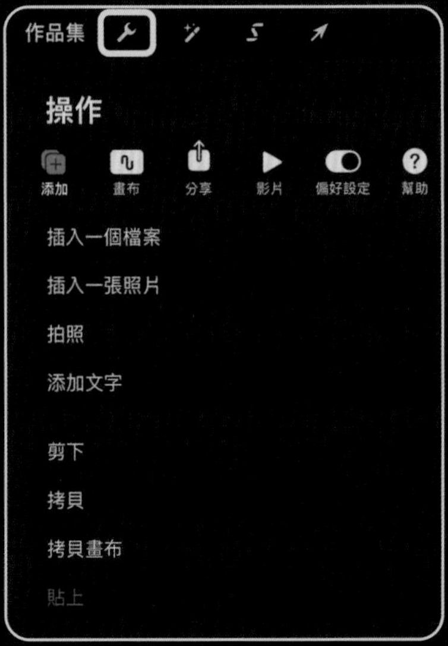

作品集
操作
添加 畫布 分享 影片 偏好設定 幫助
插入一個檔案
插入一張照片
拍照
添加文字
剪下
拷貝
拷貝畫布
貼上

▲ 操作面板的添加頁次，可以執行插入檔案、添加文字、拷貝 & 貼上等操作

# 添加文字

要在畫面中加入文字時，請按操作面板添加頁次的添加文字項目，就會自動建立一個包含範例「文字」的文字框（並且會在圖層面板建立一個「文字」圖層），文字顏色就是目前使用中的顏色。這時也會開啟 iPad 螢幕鍵盤讓你編輯文字。輸入文字的過程中，如果要改變文字的對齊方式或是剪下、貼上，可以在文字上點兩下，叫出文字輸入面板來修改。

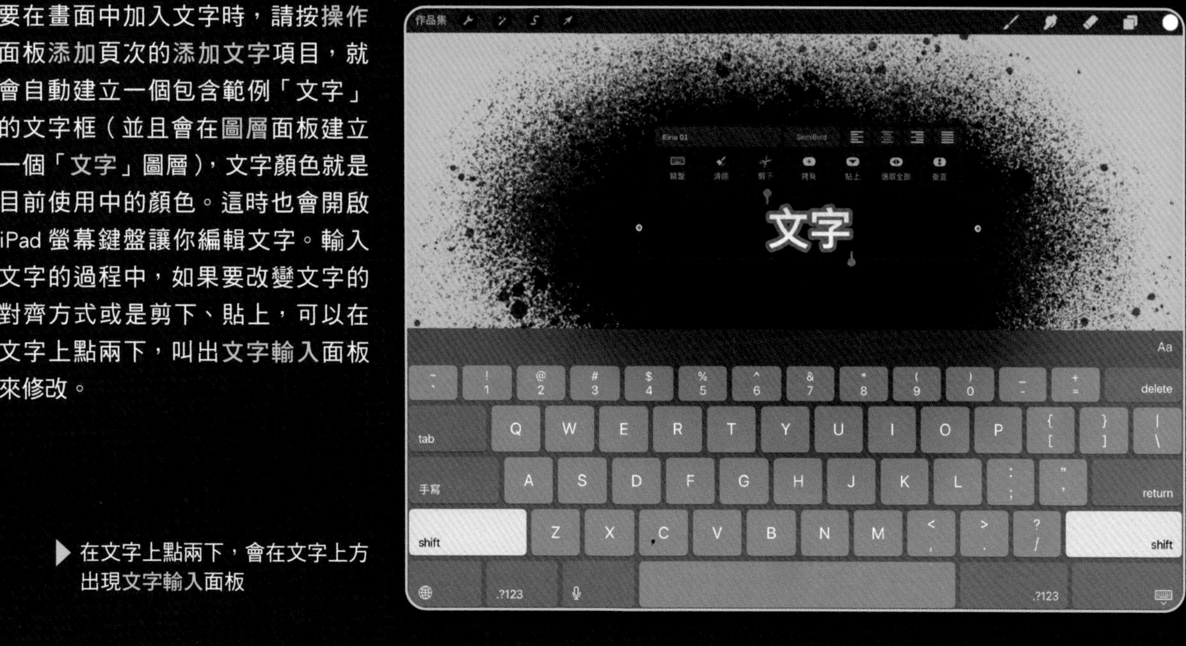


▶ 在文字上點兩下，會在文字上方出現文字輸入面板

如果想編輯更多文字屬性，包括要更換字體、調整文字大小、字距、透明度等細節，請在文字輸入面板的字體欄位按一下，下方就會出現編輯文字面板，可以編輯更多樣式。如果內建的字體你都不滿意，甚至可以按右上方的匯入字體，以匯入你自己的字型檔案來套用。

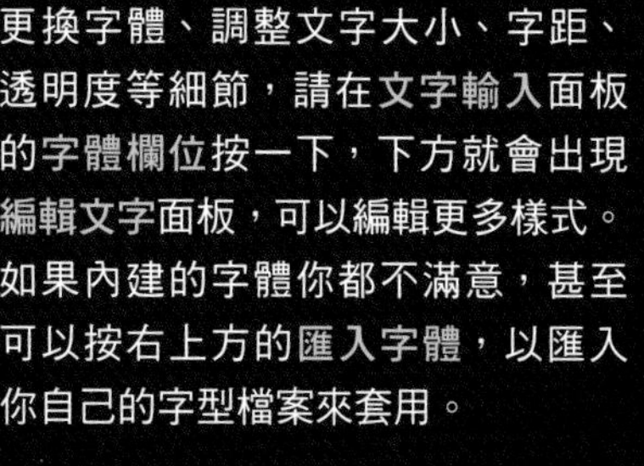

編輯好文字之後，如果想調整位置，你可以直接按住文字框中的文字並拖曳到想要的位置。文字框兩邊有藍色的變形點，若按住該點拖曳則可以放大或縮小文字框。

文字是向量的物件，因此任意縮放文字框不會影響畫質或文字外觀。但如果你想進一步修改每個文字的造型，請在圖層面板的文字圖層按一下，從選單中點擊點陣化，即可將文字變成一般圖像來編輯。

▲ 在文字輸入面板的字體欄按一下，即可叫出這個編輯文字面板

# 畫布

操作面板的第二個頁次是畫布，在此可以檢視和編輯畫布的屬性。

按下裁切與重新調整大小選項後會開啟面板來設定，你可以拖曳畫布周圍的變形框來任意裁切畫布。若按面板右上方的設定鈕，就會出現設定面板，上方欄位左邊是寬度，右邊是高度，若要綁定長寬比例，可點擊中間的連結圖示。

有一點要特別注意，若有開啟重新採樣畫布項目，會鎖定目前的畫布大小，即使任意拖曳變形框也不會改變畫布大小。舉例來說，如果想放大畫布內容，但是不想改變畫布大小，就可以使用此功能。

調整畫布大小時，螢幕上方會隨時提示可用圖層數量，因為畫布越大，可用圖層數會越少。畫布頁次下方是畫布資訊項目，可檢視此畫布的詳細資料，例如圖層頁次可以查詢可用圖層數量；統計頁次可以看到總檔案尺寸和追蹤時間（可以知道花了多少時間才畫完）。

畫布頁次還能開啟參照功能，這也非常實用。若有想對照著畫的素材，請開啟此功能，畫布上會出現一個參照視窗，預設是目前的畫布內容。請切換到圖像，並且按匯入圖像鈕，匯入想對照著畫的素材圖檔，接著即可在繪圖過程中隨時參照。視窗中的內容還可以用手指縮放和旋轉。

▲ 在操作面板點擊畫布鈕，切換到畫布頁次，可檢視和編輯畫布的屬性

▲ 開啟裁切與重新調整大小面板，再按設定鈕開啟設定面板來調整

▲ 點選畫布資訊項目會開啟此面板，可檢視畫布規格和檔案大小等屬性

# 繪圖參考線

畫布頁次中的繪圖參考線功能，會在畫布上覆蓋一層網格，在繪圖時可參考網格來計算比例或是對齊。若有開啟繪圖參考線，此選項下方會出現編輯 繪圖參考線項目，按下會開啟繪圖參考線面板，可以設定以下四種參考線模式。

## 2D 網格模式

2D 網格是預設的參考線模式，是由等距的垂直和水平線組成網格，若你需要將畫布分成幾個等分，或是需要沿著畫布平均分配物件，這個功能就會很有幫助。

## 等距模式

切換到等距模式，會變成由垂直線和對角線形成的網格，對角線是以 30 度交錯。這種網格很適合繪製 3D 效果，例如工程圖或建築物的製圖。

## 透視模式

透視模式適用於繪製具有透視效果（具有消失點）的圖，在此模式下，點擊螢幕即可放置消失點。最多可放置三個消失點，拖曳這些消失點即可重新定位，若再次點擊消失點則可以刪除它。

## 對稱模式

對稱模式是用來輔助畫對稱的圖。切換到對稱模式並按選項鈕，會有四種對稱方式可選（垂直、水平、扇形或放射狀）。選好後請開啟選項中的輔助繪圖項目，再回到畫布上繪圖，則對稱參考線的另一側就會自動畫出鏡射的內容，非常方便。若你還開啟了選項中的旋轉對稱，則鏡射的內容會往反方向畫出來。

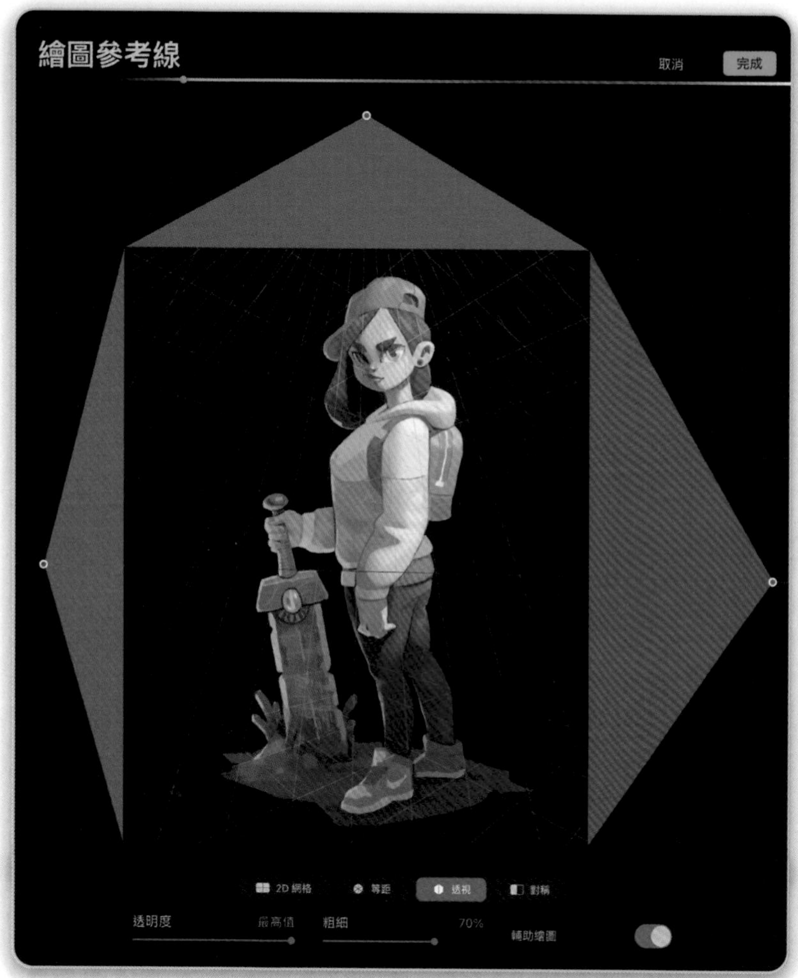


將繪圖參考線切換到透視模式，按一下即可新增消失點，最多可建立三個消失點

## 用參考線輔助繪圖

在編輯參考線時開啟「輔助繪圖」選項後，即可隨時套用。只要在圖層上按一下並從選單勾選「繪圖輔助」項目，就可以套用目前的參考線模式來畫圖。使用此功能時，圖層名稱下會標示「使用輔助繪圖」，提示你這個圖層有使用輔助功能繪製。

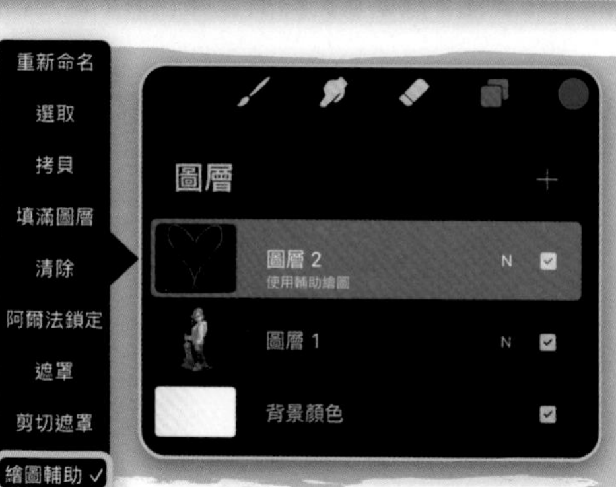

## 偏好設定

將操作面板切換到偏好設定頁次，可以找到很多實用的調整選項，能幫助你改善 Procreate 的使用體驗：

- 亮色介面：Procreate 介面預設是深灰色，可在此改成亮色介面。
- 右側介面：筆刷尺寸 / 筆刷透明度滑桿預設位於左邊，這是為了用右手拿筆、左手調整的設計。若你是慣用左手拿筆的使用者，可在此切換為右側介面，即可改用左手拿筆、右手調整。
- 筆刷游標：預設為開啟，可以在用筆刷繪畫時將游標顯示為筆尖的形狀。若不需要則可以關閉。
- 投射畫布：開啟此功能後可透過 iPad 的 AirPlay 功能或是連接線，將畫布投射到另一個螢幕。
- 快速撤銷延遲：在手勢相關章節（p.25）曾經介紹過，只要「兩指長按」畫布，在短暫延遲後就會快速撤銷前面的連續步驟。這個滑桿可控制撤銷前的延遲時間，最長是 1.5 秒。
- 選取範圍遮罩可見性：在選取的章節（p.50）曾介紹過，建立選區時畫布上會覆蓋一層斜線遮罩，以利辨識選區。這個選項就可以控制該斜線遮罩的透明度。
- 連接第三方觸控筆：若使用 Apple Pencil 以外的觸控筆，請按下此項目，依觸控筆品牌做相關設定（目前可支援三個品牌）。
- 編輯壓力曲線：此處可以調整 Procreate 的壓力曲線，讓你自行設定下筆時筆觸的力道。

▲ 將操作面板切換到偏好設定頁次，可以找到許多實用的調整項目

## 調整壓力曲線

每個人拿筆的方式都不同，有的人會輕輕握住，有的人會像擠牙膏般用力握住。偏好設定中的壓力曲線能讓你依習慣去設定下筆力道：曲線向上時，筆壓敏感度會增強（筆畫加粗），適合下筆輕的人；曲線向下時，筆壓敏感度會減輕（筆畫變細），適合下筆用力的人使用。

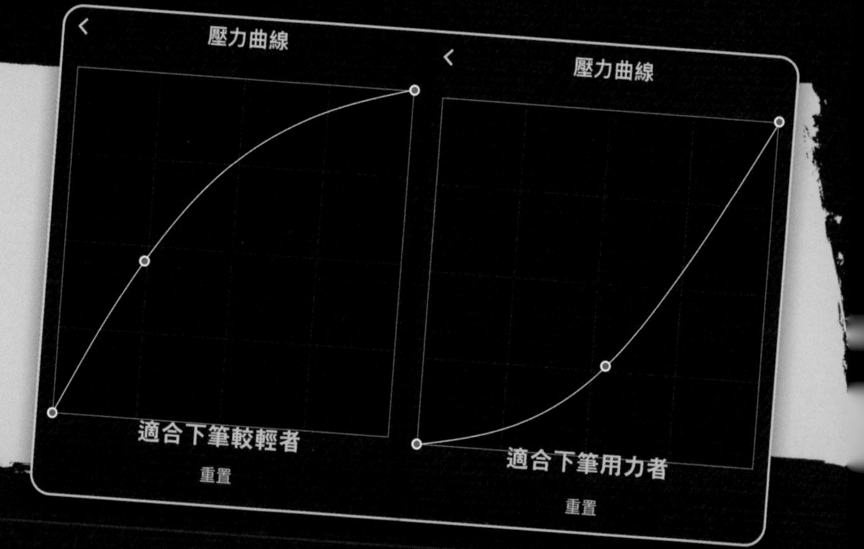

## 手勢控制

偏好設定頁次還可以自訂 Procreate 裡會用到的手勢。請點選手勢控制，會開啟手勢控制面板，這裡共分成 11 個頁次，可以依使用習慣調整。

舉例來說，若在塗抹頁次開啟觸碰，即可在用手指觸碰螢幕時就切換成塗抹工具；若在輔助繪圖頁次指定手勢，使用此功能會更方便；或是到取色滴管頁次將延遲滑桿調快，即可讓它更快出現。

有兩種手勢控制設定，特別推薦你試試看：其一是切換到速選功能表開啟觸碰手勢，即可快速叫出速選功能表；另一個是到圖層選擇頁次開啟口 + 觸碰選項，接著只要按住修改鈕同時觸碰畫布上的物件，就能知道該物件位於哪個圖層。創作大型插畫作品時，搭配這兩種設定應該可以加速你的工作流程。

▲ 在手勢控制面板中可以修改各指令的手勢

## 影片

Procreate 擁有自動縮時記錄的功能，可說是讓 Procreate 從所有數位繪圖軟體中脫穎而出的最大特色。

將操作面板切換到影片頁次，這裡預設就會開啟縮時記錄功能，表示 Procreate 會把你在開啟檔案後做過的每件事，包括畫出每個筆觸或是執行任何操作，全都錄製起來，並製作成縮時記錄影片。

縮時記錄功能可以讓創作者自己和他人都獲益匪淺：你不僅可以回顧自己的創作過程，找到進步的空間，還可以與他人分享創作過程影片，以便互相切磋技法。

每當你的作品告一段落、想要觀看到目前為止的創作過程時，請切換至影片頁次，點擊縮時重播，就會開始播放。在播放過程中，只要用手指在螢幕上左右滑動，即可快轉或倒轉影片，檢視完畢可按完成鈕回到畫布介面。

要匯出影片時，請切換至影片頁次，點擊匯出縮時影片。Procreate 提供兩個匯出影片選項：全長或 30 秒。假如你的作品畫了很久、影片很長，可以只匯出 30 秒的壓縮版本。挑選其中一個選項之後，再選擇要儲存影片的地方即可。

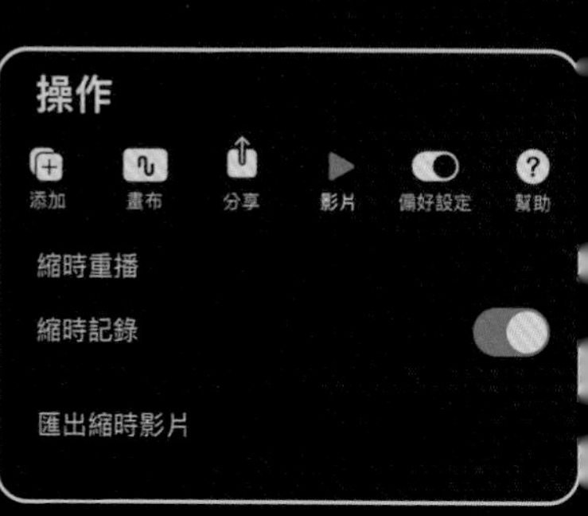


▲ Procreate 預設就會開啟縮時記錄功能來錄製創作過程

# Procreate 繪圖專案實戰

看完前面的介紹，你應該知道如何操作 Procreate 了吧？現在該把知識活用到插畫中了。本書接下來的章節中，請到八位擅長 Procreate 的藝術家，每位都會示範一個 Procreate 繪圖專案，包括從無到有的完整插畫繪製流程以及獨家繪圖技巧。你可以一邊模仿一邊學習，在過程中體驗如何用 Procreate 創作各式各樣的數位繪畫作品。

以下在繪圖過程中，使用到觸控筆的地方，本書將一律用「觸控筆」這個詞來說明。不過請注意，由於藝術家們都是用 Apple Pencil 繪製作品，如果你使用其他廠牌的筆，可能會無法畫出和書上一模一樣的筆觸，因為有些技法需要仰賴 Apple Pencil 的高階感壓或傾斜度偵測功能才能完成。

以下介紹的每個繪圖專案中，作者都有提供相關資源給讀者們下載，包括線稿和縮時影片，有幾個範例甚至會附上作者製作的筆刷檔案。因此，在開始練習之前，建議你先翻到 p.208，依書上說明先下載每個專案的資源，可讓之後的學習歷程更加順利。

# 童話風建築插畫

伊絲・波頓 (Izzy Burton)

插畫專案實戰的第一個專案，我們將創作出一幅童話風的建築插畫。作者將會示範如何描繪出幻想中的景色，並為這棟建築營造出神秘的氣氛，讓插畫作品更耐人尋味。

以下將會從零開始完成這幅插畫。首先是用建築物的照片激發靈感，接著將腦中的想法畫成草稿，然後會初步上色觀察效果，最後再慢慢修飾成完稿的狀態。

在這個專案中，你將學會如何描繪形狀，並且在該形狀中填色，例如在指定的範圍中描繪花紋。此外，作者也會分享如何在畫中添加光線和描繪細節，讓作品看起來更逼真。這些技法會讓你更熟悉 Procreate 的基礎知識與功能，未來也能活用到其他類型的插畫中。

雖然這個專案是參考照片來畫的，但是別忘了發揮你的想像力。插畫最棒的地方，就是不會被現實世界束縛。照片資料只是靈感來源，你可以在創作中加入幻想元素，賦予它們誇張的色彩或造型。請盡情地描繪出你想像中的世界吧。

PAGE 208

插畫相關資源的下載方式
請參考 p.208

## 你將學會這些技巧

- 描繪形狀後，活用「阿爾法鎖定」功能將透明區域上鎖，將筆觸限制在形狀內
- 活用剪切遮罩（剪裁遮色片）
- 在插畫中描繪光線和反光
- 讓物體融入所在的環境
- 活用各種筆刷來繪畫
- 在插畫作品中添加手繪感、奇幻感的元素來提升作品的魅力

## 01

開始畫之前，建議先花一些時間來提出想法和收集參考資料，這可以幫助你尋找插畫靈感。例如要創作以建築為主題的插畫時，可先收集一些建築物的照片，像是到居住地或其他地方拍照等等。

右圖就是我為這個插畫專案製作的情緒板[※1]，裡面包含我在雷威斯（Lewes, England）所拍攝的照片。照片裡面有許多年代久遠的都鐸式建築[※2]，非常符合我這幅插畫想要營造的神秘童話感。

※註 1 **情緒板**：有些創作者會在創作前先收集相關素材，把圖片、字體、元素等拼貼在一起，稱為**情緒板**。製作情緒板有助於形塑自己需要的感覺或風格，把靈感具象化，並成為創作的參考依據。

※註 2 **都鐸式建築**（Tudor architecture）：英國都鐸王朝時期（1485-1603）流行的建築風格，特徵有突出的山牆、巨大的煙囪、高聳的尖屋頂等。

▲ 將需要參考的素材拼貼成「情緒板（mood board）」，這對啟發插畫靈感很有幫助

## 02

收集好資料後，就打開你的 iPad 和 Procreate，先來設定工作介面。為了隨時參考情緒板的內容，先將拼貼好的情緒板存到 iPad 的照片中。

接著我要用 iPad 的分割螢幕功能，將情緒板跟 Procreate 的畫布並排。請將 iPad 螢幕底部上滑，叫出 Dock 工作列，然後按住照片 App，拖曳到螢幕右邊（請注意，Dock 只會顯示最近開啟的 App，如果沒有在 Dock 中看到照片 App，請先將它開啟）。安排好後，就可以讓畫布和情緒板並排，接著就能對照著畫圖。

▲ 善用分割螢幕功能，將畫布和情緒板並排

## 03

開始畫草稿，我們要先用快速繪圖形狀工具功能畫四個方框，當作分鏡圖（此功能請參閱 p.036）。

請先畫出一個方框，然後按變形 > 均勻，將該方框縮小至畫布的四分之一。接下來請複製該圖層，再用變形工具把第二個方框移到第一個方框旁邊，重複以上方法即可製作出四個方框。接著用兩指捏合四個方框圖層，將它們全部合併，即可讓四個方框位於同一個圖層。

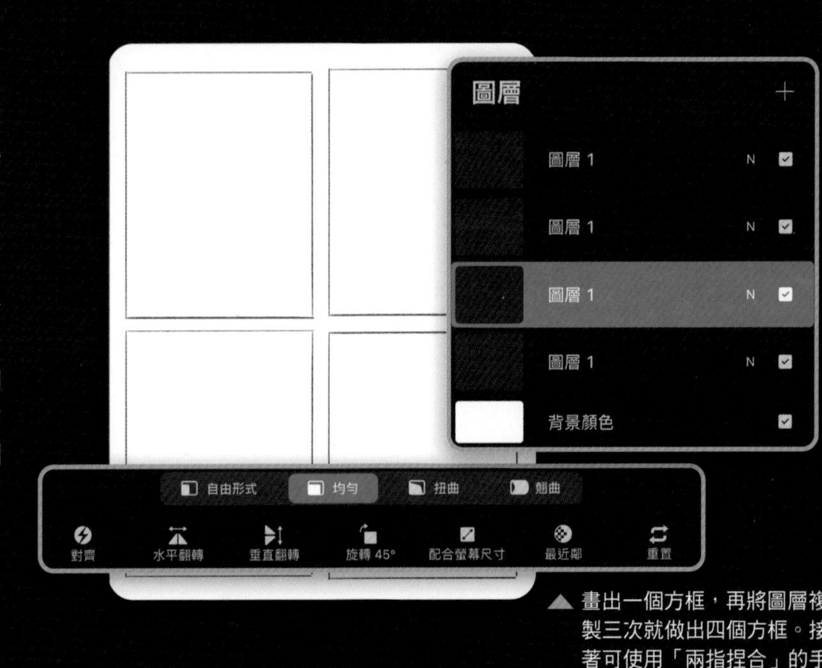


▲ 畫出一個方框，再將圖層複製三次就做出四個方框。接著可使用「兩指捏合」的手勢將四個方框圖層合併

## 04

將合併後的方框圖層命名為格線，然後在上方建立一個新圖層，命名為草稿，接著就在草稿圖層上描繪腦中所想的建築物。使用的筆刷是素描 >6B 鉛筆。畫草稿時，建議要快速地描繪，畫概略的線條，重點要放在構思、布局和結構，而不必太仔細描繪細節。請盡情地發想，這是把想法落實的好時機。

◀ 在格線圖層上方再新增一個圖層，並重新命名為草稿，接著就在草稿圖層上繪畫

## 05

大略畫完後，可再用變形工具縮放或旋轉內容。例如想縮放草稿上的某一個部分，請按選取 > 徒手畫，圈選要縮放的區域，再按變形鈕將該部分縮放和旋轉。使用 6B 鉛筆畫的好處，是當你傾斜觸控筆時，可畫出深淺的明暗效果。

▲ 用選取功能圈選草稿的一部分來變形

### 插畫家獨門秘技

若使用第二代的 Apple Pencil，只要在筆身輕點兩下，即可在「**擦除工具**」和「**筆刷工具**」間快速切換。

▲ 利用四格分鏡圖畫出四種草稿

## 06

製作四格分鏡圖，是為了發想四種草稿，再進一步做取捨。上面就是編號 1~4 的草稿。在四張草稿中，我覺得草稿 2 效果很好，但草稿 3 的某些元素也不錯，因此就以草稿 2 為主，要將四張整合在一起。

先用選取工具圈選草稿 2 全部內容，按選取面板中的拷貝 & 貼上鈕，就會將選取內容拷貝、貼到新圖層，會命名為「從選取範圍」，接著擦除不需要的區域。再用同樣手法，把草稿 3 中想要的區域（本例是塔樓）複製、移動到想要的地方。完成後請合併所有的草稿，再用筆刷修飾、填滿所有空白的地方。

◀ 將想要的內容都拷貝到新圖層，以便製作最後確定的草稿。請記得替新圖層重新命名，例如叫「完成草稿」，以利辨識

▲ 擦除草稿 2 上面的塔樓，因為我們想換成草稿 3 的樣式

▲ 使用選取工具去圈選和複製草稿 3 的塔樓，然後就可以隱藏草稿 3

▲ 將草稿 3 的塔樓貼上並移動到草稿 2 塔樓的位置

## 07

將草稿修改到滿意的狀態後，即可隱藏其他的圖層，並將確認的草稿放大，讓它符合畫布大小。這時我會再利用一個方法，檢查一下畫面的平衡感。

請按變形 > 水平翻轉，把草稿左右翻轉看看。這個方法可以檢查草稿的透視效果、確認是否歪斜；如果發現草稿有所偏斜，可按住變形框上的變形點，將草稿變形成想要的狀態。調整好後，請再做一次水平翻轉，讓草稿回到原本的方向。

▲ 將畫布水平翻轉，以檢查草稿的內容是否有所偏斜

## 08

如果發現草稿歪斜，除了變形外，還有一個好方法，就是使用調整 > 液化 > 推離工具，然後用觸控筆在想要的區域推移即可。在液化面板中還有許多選項，你都可以試試看，努力讓草稿更完美。調整完畢後，請將完成草稿圖層的透明度調低，之後要當作畫線稿的參考。

◀ 使用液化工具，讓你的草稿無懈可擊！

## 09

草稿的內容都確認好了，接著就要畫確認的線稿。請建立一個新圖層，並將它重新命名為「線稿」。我們要用前面完成的草稿（設定為半透明）作為基準，在線稿圖層描繪更精細的線稿。

這幅插畫最後並不會顯示輪廓線，因此線稿畫得稍微粗略也沒關係，這些線條只是為了後續的上色步驟描繪出更精確的位置。

▶ 降低完成草稿的透明度，再建立一個線稿圖層來畫確認的線條

## 10

在畫線稿的過程中，如果需要畫出精確的形狀，別忘了使用快速繪圖形狀工具（請參閱 p.36），例如你可以畫一個正圓形來完成圖中的時鐘。

線稿描繪完成後，建議你花些時間仔細地修飾它，因為這是後續插畫上色時的詳細規劃圖。在上色之後，圖層會變得更多更複雜，發生問題也不容易處理，如果能在線稿階段就更正問題，往往會更簡單得多。

▶ 運用快速繪圖形狀工具，可輕鬆地畫出精確的形狀

## 11

在正式上色前，我會先試幾種不同的上色方式，我稱為「初步上色」，這個方法可在正式上色前，試試看哪一種更接近想要的效果。

建立一個新圖層，移動到線稿圖層下方來當底色。然後將線稿圖層的混合模式設定為色彩增值，並降低透明度。接著按右上角的顏色鈕，設定想要的底色後，將該顏色拖曳到畫布上即可填滿（請確認是拖曳到線稿圖層下方的新圖層並填滿）。

### 插畫家獨門秘技

畫作的底色對塑造氣氛來說非常重要，如果是擅長傳統繪畫技法例如油畫或壓克力畫的畫家，都會在畫布上先塗一層底色，之後即使上色時漏掉某些區域沒畫，這些區域也不會露出白底。

至於底色的選擇，紫色能營造朦朧的神秘感，而金色則會散發出更溫暖、吸引人的風格。在開始畫之前，請先思考底色的選擇。

▼ 建立新圖層並填入單色（將右上角的顏色鈕拖曳到畫布上即可填滿）

## 12

請在初步上色圖層上畫畫。在實際上色的時候都需要分層處理，但是目前只是「初步上色」，畫在同一層即可。建議用上漆 > 丙烯顏料之類模擬壓克力畫的筆刷，用這類偏粗、較鬆散的筆觸來塗抹。

你可以多建立幾種初步上色圖層，練習模擬不同時段、不同氣候變化的效果。多了解光線和色彩、多去觀察周圍的世界，這對畫畫是很有幫助的！完成多種上色圖層後，請選出最滿意的一個，並且刪除其他圖層，之後將參考這個圖層來上色。

▼ 任選一種偏粗、較鬆散的筆觸來塗抹，快速呈現出你想表現的氣氛或情感

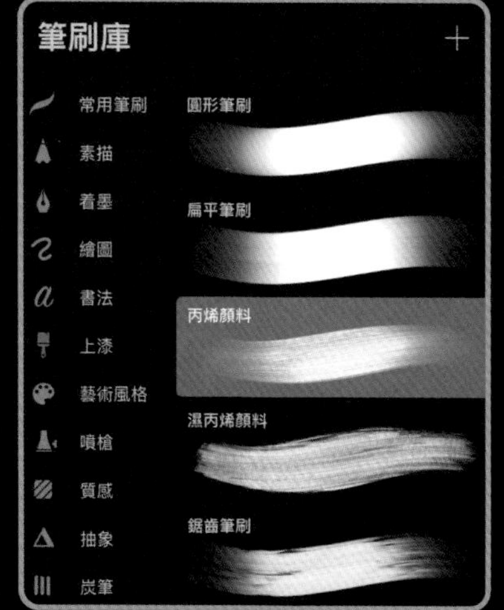

## 13

整理一下圖層，到此只保留「線稿」和「初步上色」這兩個圖層即可。接下來要將它們保持在所有圖層的上方，以便對照輪廓和吸取顏色，沒有使用時也可以暫時關閉。

接著就陸續幫每個需要獨立編輯的元素建立新圖層來上色，首先建立一個底色圖層來畫天空和水面。請使用取色滴管（可參閱 p.39），先從初步上色圖層吸取要用的顏色，再用平頭筆刷（例如上漆 > 扁平筆刷）塗抹。筆刷庫中有豐富的筆刷可以使用，你也可以用噴漆 > 潑濺筆刷，模擬雲朵邊緣柔和的顆粒感。

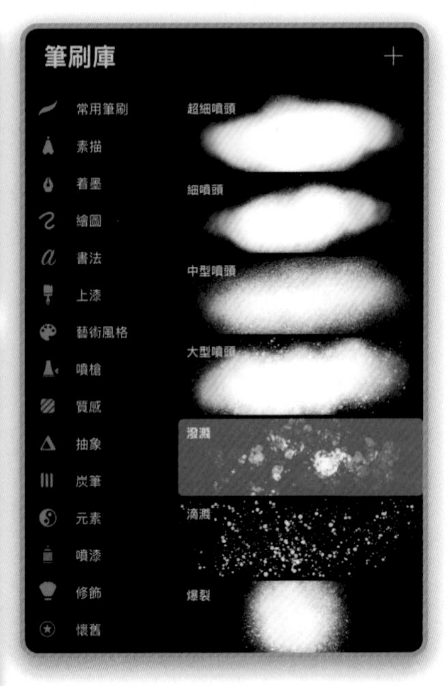


▲ 使用不同的筆刷來模擬想要的筆觸效果

## 14

在創作過程中，可隨時開啟和關閉線稿圖層，檢查是否有偏離線稿。此外，如果是用丙烯顏料（壓克力顏料）之類的筆刷，由於不太透明，畫出來的顏色分界會很明顯。如果希望做出漸層混色效果，可在分別畫出兩種顏色後，再用介於兩者的中間色，塗抹在重疊區域，直到顏色混合成漸層效果。

在底色圖層我們就是用這個技巧，讓天空和水面的界線模糊，營造出朦朧感的底色。

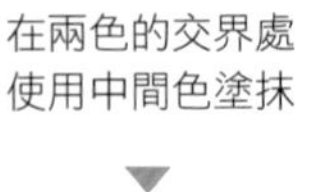

## 15

接著要畫建築物正下方的小島，請建立一個新圖層並命名為島嶼，再用著墨 > 乾式墨粉筆刷塗抹出想要的形狀。形狀完成後，還要在上面多畫一些細節，為了避免超出範圍，請開啟阿爾法鎖定（手勢：用兩指將圖層往右滑一下），則接下來所畫的筆觸都會限制在已畫好的形狀內。

你可以多用幾種筆刷去模擬想要的效果，例如用素描 > 藝術蠟筆筆刷和有機 > 樹枝筆刷畫上草叢，細節處可再用素描 >6B 鉛筆筆刷描繪。

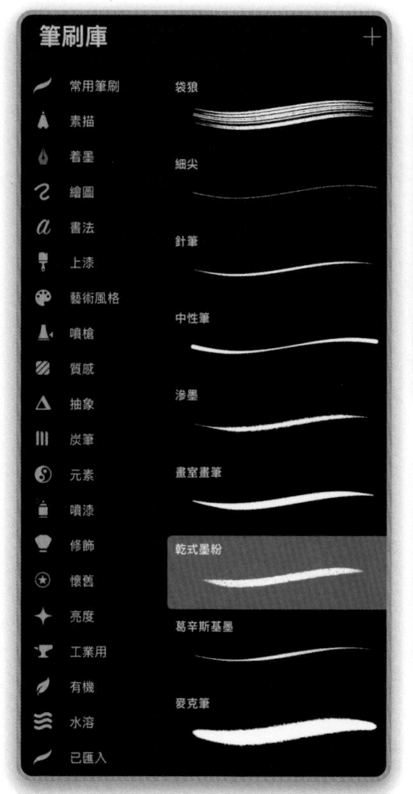

▶ 建立島嶼圖層並塗抹出島嶼的形狀，再畫上草叢等細節

## 16

終於要開始畫建築物了。假設這個建築物是一間書店，因此建立一個書店圖層，並使用著墨 > 乾式墨粉筆刷勾勒出形狀，接著將顏色拖曳到畫出來的輪廓裡去填色。

接著要在書店圖層的填色色塊裡面繼續畫細節，請開啟阿爾法鎖定，鎖住透明像素後，繼續描繪建築物的細節。有些需要仔細描繪的細節，如果希望單獨編輯，可建立新圖層來處理，例如屋頂邊緣和窗戶等。也可以將某些細節設定成剪切遮罩（剪裁遮色片），確保剪切遮罩圖層位於書店圖層的正上方，讓它緊緊跟著已畫好的的建築物形狀。

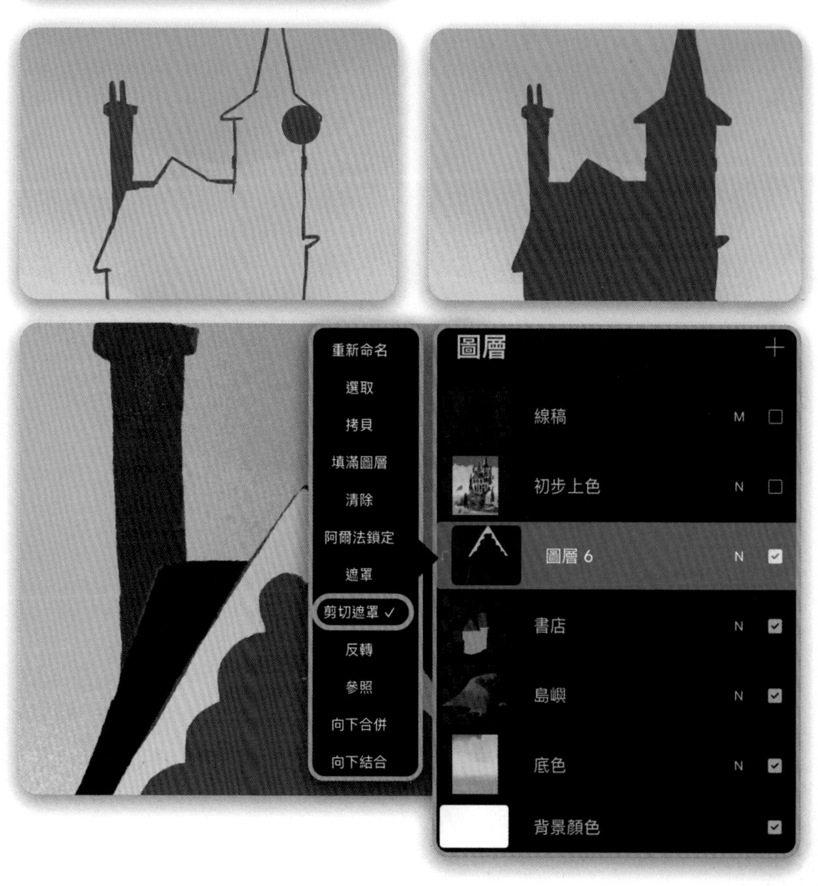


▶ 在書店圖層畫建築物輪廓，並使用剪切遮罩描繪屋頂的細節

## 17

上色過程中，為了讓作品更精緻，再加入陰影來提升立體感。請決定光源位置，讓陰影往同一方向延伸，然後用著墨 > 乾式墨粉筆刷和有機 > 竹筆刷來描繪較粗的陰影線。至於磚塊和瓷磚花紋等細節，可以使用素描 >6B 鉛筆筆刷描繪。

大面積色塊要避免太過單調，例如書店牆面的木頭色，可以降低筆刷的透明度去刷出亮度不同的顏色，例如用上漆 > 舊筆刷在牆面上塗抹，就能讓顏色更有層次變化。

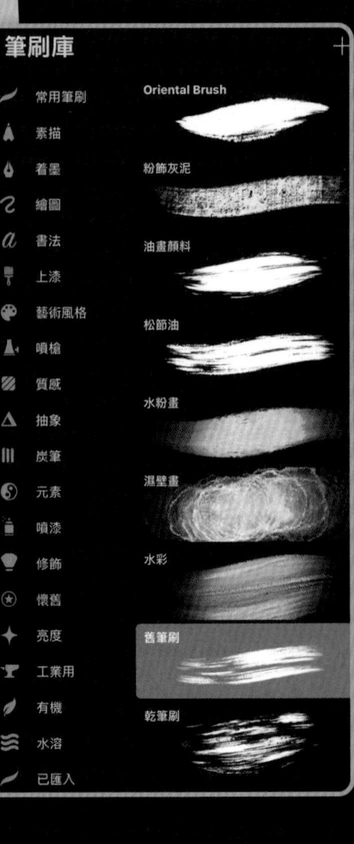


▼ 使用上漆 > 舊筆刷在色塊上面多刷幾層，添加牆面細節

## 18

既然這是書店，我們也要在櫥窗裡畫幾本書。請建立新圖層然後描繪排列在一起的彩色矩形，表示一冊一冊的書，它們很小，所以不需要畫得太仔細。請把這個圖層的混合模式設定為變亮，看起來就會像是放在玻璃窗後面。等到建築物相關的元素都畫得差不多了，請將相關圖層全部選起來，建立成群組，並命名為建築物。請在建築物群組的上方再建立一個新圖層，使用素描 >6B 鉛筆筆刷，在建築物與草叢交界的地方描繪一些青草，這是為了讓建築物更能融入這個環境。

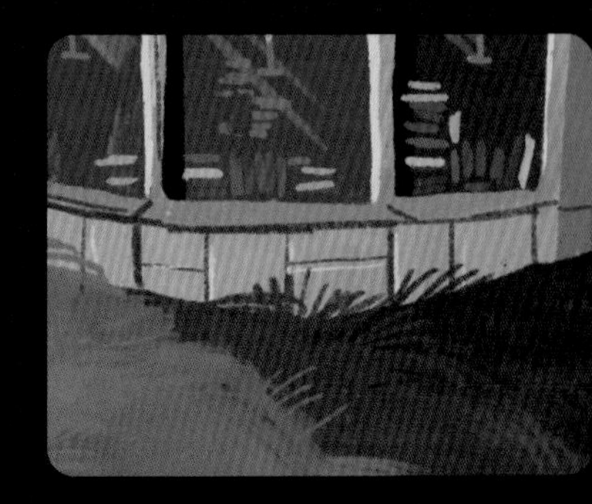

▶ 添加小細節，例如書本和草叢

## 19

接著要畫更多細節，例如地面上的小路和草叢、書店周圍的樹木等。請建立一個樹幹圖層，使用著墨 > 乾式墨粉筆刷描繪樹幹。接著開啟阿爾法鎖定，設定較淺的顏色，以工業用 > 荒原筆刷在樹幹上塗抹，讓樹幹的質感與紋理更豐富。

在樹幹圖層上方再建立樹枝圖層，請使用有機 > 貂皮筆刷如圖描繪出抽象的樹葉形狀。觀察線稿圖層，會發現有些樹枝是在建築物後面，因此請建立第二個樹枝圖層，移動到建築物群組的下方，再用同樣的方式把樹葉畫上去。

## 插畫家獨門秘技

畫畫時，要思考畫面中的最暗點和高光（最亮的反光處）分別是什麼顏色。在現實世界裡，其實很少會看到純黑色或純白色，因此不建議用白色當作高光。通常在高光處，插畫家會使用淺黃色營造溫暖感，或利用淺藍色營造涼爽感；而在畫最暗點時也遵守同樣的原則，使用純黑以外的深色，可創造出更接近現實世界的逼真質感。

▶ 為了改善作品的內容，呈現出更好的畫面，要不斷加入越來越多的細節

## 20

繼續畫更多的細節，接著要畫書店外側的時鐘。時鐘和櫥窗都是藍色，在畫陰影之後，感覺對比度不足，因此再把櫥窗變暗。替櫥窗的圖層設定阿爾法鎖定，然後調低筆刷的透明度，替整個圖層塗上一層黑色，即可把櫥窗變暗。

再來要畫水面上的岩石，使用著墨 > 乾式墨粉筆刷塗抹形狀，然後開啟阿爾法鎖定，用工業用 > 生鏽腐爛筆刷和噴漆 > 中型噴頭筆刷畫紋理。接著畫背景的山丘，山丘的底部可使用噴漆 > 中型噴頭筆刷噴塗一層雲霧，讓山丘彷彿在雲霧中。

▶ 描繪更多細節，包括時鐘、水面的岩石和背景的山丘

## 21

再建立新圖層來畫水面的漣漪，請使用素描 >6B 鉛筆筆刷，以淡藍色畫漣漪和水花。你可以傾斜觸控筆來控制筆觸的粗細。以同樣的方法，繼續用 6B 鉛筆筆刷替樹木和建築物點綴淡黃色的高光邊緣，同時可再補強陰影。每畫一個段落，建議你將畫布縮小檢視，觀察看看當圖像變小時，明暗效果是否還看得出來。

▼ 補強水面反光、水花、陰影和漣漪

## 22

接著要製作倒影，倒影的做法就是把水面上的內容複製並上下翻轉。不過目前的圖層結構已經很複雜，全部複製可能會超過 Procreate 圖層上限。因此請將島嶼和書店相關的圖層都合併，重新命名為島嶼圖層。

請將島嶼圖層拷貝一份，按變形 > 垂直翻轉，將翻轉後的圖層命名為「倒影」。將倒影圖層移到島嶼圖層之下，降低透明度，使用擦除工具擦掉不需要的倒影，亦可使用變形功能調整位置。接著在倒影圖層上再建立新圖層，用噴漆 > 中型噴頭筆刷加入更多霧氣，再用素描 >6B 鉛筆筆刷畫幾隻小鳥。

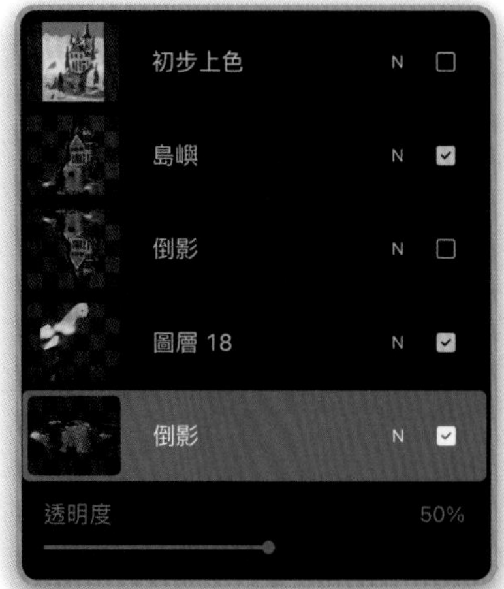

▶ 翻轉圖像即可製作倒影，若擔心倒影不如預期，可先複製倒影再做修改

## 23

接著我們要加入一些光線，讓書店沐浴在斜射的陽光中。請在所有的圖層上方建立新圖層，將混合模式設定為覆蓋，將顏色設定為淡黃色，選任一種噴漆筆刷來描繪。光源在畫面左上方，因此請從左上往右下畫出斜射光線。如果覺得不自然，可調整該圖層的透明度。

繼續用同樣的方法畫反光處，建立新圖層、設定為覆蓋模式，再使用任一種噴漆筆刷加強島嶼和建築物左半部受光的區域。

▶ 加入暖色調的光線

## 24

到此已經接近完稿，確認不再修改作品後，請合併所有圖層（如果你想保留未合併的狀態，請到作品集介面將此專案先複製一份）。

將所有圖層合併後，請將這個圖層再複製一份，然後選擇調整 > 色彩平衡 > 圖層。我們要在最亮的範圍加入更多紅色和黃色，讓整張插畫瀰漫著暖洋洋的色調，因此會針對亮部做調整。你也可以試試看調整中間調和陰影的色調，以打造出你想要的氣氛。

大功告成後，即可把畫作分享出去。關於分享作品的說明請參閱 p.18。

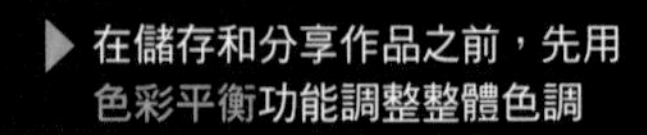
在儲存和分享作品之前，先用色彩平衡功能調整整體色調

# 插畫完稿

插畫作品終於完成了！場景是在一座陡峭的孤島上，有一間美麗又神秘的書店，難道它已經被人們遺棄了嗎？沒有人知道。這幅畫正在邀請讀者來解謎。畫中有豐富的細節，例如鳥兒，讓整張圖像看起來更加栩栩如生。

你可以活用在這個專案學到的技法，例如改變場景、改變時間、天氣或是色調，創作出不一樣的氣氛；你甚至可以再創作出更多角色，讓他們發展出更多有趣的故事。

Image ©Izzy Burton
YING
&
YANG
BOOK SHOP

作品名稱：By the shore（海岸）

# 角色設計

**愛芙琳・絲托卡特 (Aveline Stokart)**

這個專案會完成一幅簡單的街景和人物角色插畫。主角是個年輕女孩，穿梭在巴黎的街頭。在這個專案中，你不只能學到怎麼畫，還可以學到如何活用技法，讓她展露出既優雅又開朗、同時還略帶羞澀的神情，此外也要描繪出能呼應角色心情的場景。這幅畫洋溢著懷舊感與法式浪漫的氣氛，給人一種溫暖的感覺，就像是在陽光明媚的午後漫步時，捕捉到的美麗瞬間。

這個專案會從零開始逐步指導你，包括規劃角色和背景的草圖，直到最後完成插畫的所有步驟。作者會和你分享她的獨家技巧，包括如何創作出令人著迷的細節，以及吸引大家目光的焦點。此外，你也會在過程中練習 Procreate 的重要技巧，例如活用**剪切遮罩**、**阿爾法鎖定**等功能來上色、善用圖層的**混合模式**以及各種**調整**效果來營造出溫暖、充滿活力的氣氛。

## 你將學會這些技巧

- 組織圖層，把工作流程整理清楚
- 在上色時活用剪切遮罩和阿爾法鎖定功能
- 利用圖層混合模式打造光線與陰影
- 創造景深效果，將焦點集中在角色身上
- 活用簡單但效果強大的特效來美化作品

PAGE 208

插畫相關資源的下載方式
請參考 p.208

## 01

首先要開啟新畫布來畫這個專案。請在作品集介面按右上角的「＋」鈕建立新畫布，你可以選擇面板中的預設格式，例如 A4（預設尺寸為 2,480 x 3,508 像素，300dpi）。

如果要自訂畫布，請按新畫布面板右上角的鈕，會開啟自訂畫布面板來設定。設定時必須特別注意 DPI（解析度）的數值，這會影響圖片品質。如果要建立高品質的可列印檔案，解析度請勿低於 300dpi。

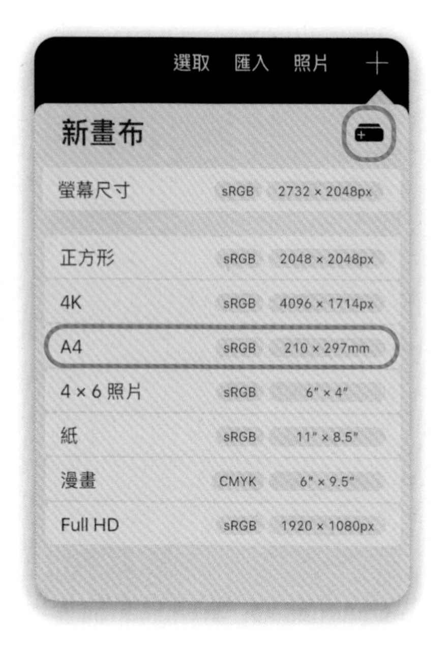


▶ 建立一個A4尺寸的新畫布。若按右上角的鈕可自訂畫布

## 02

開啟新畫布之後，選用著墨 > 滲墨筆刷，開始畫各式各樣的人物姿態。這種筆刷有類似鋼筆滲墨的筆觸，適合用來畫草稿，你也可以多試試各種筆刷，找出讓自己愛不釋手的筆刷。使用側邊滑桿，把筆刷尺寸和筆刷透明度調低到 35%，此設定會讓筆觸變得更輕、更細。這點在畫草圖時很實用，因為畫結構圖時下筆不能太重，都要先畫輕的線條，再慢慢把確認的線條加深。如果從一開始就用銳利或較粗的線條畫，會很容易搞糊塗，看不清楚哪些是需要保留的線條。

▼ 畫了五個人物姿態草圖，目的為摸索出人物不同的情緒與表情

## 03

畫出多個角色後，如果有比較滿意的角色，就拷貝到新圖層繼續處理。請按選取 > 徒手畫，在草圖上圈選想要的區域，再按選區的灰色圓點，完成選取。接著按選取面板的拷貝 & 貼上鈕，就會拷貝並貼到新圖層。

新圖層預設名稱為「從選取範圍」，請重新命名為「角色草圖」。接著按變形工具，可將選取範圍旋轉或是調整大小。調整時，活用變形面板中的均勻功能（可參閱 p.57），可在變形時保持原本的比例。

▲ 使用選取工具並切換到徒手畫模式，沿著角色邊緣建立選區

## 04

選出想要的草圖之後請整理圖層，建議隱藏（取消勾選）不再需要的草圖圖層，只保留角色草圖圖層。

接著就要準備上色。請將角色草圖圖層的混合模式設定為色彩增值。套用色彩增值模式會讓線變成透明狀態，而且疊加到另一種顏色時還會顯得更暗。將草圖套用此模式，之後將會在此圖層的下方上色。

▲ 將角色草圖圖層的混合模式設定為色彩增值

## 05

建立新圖層，移動到角色草圖圖層下方，並把它重新命名為「皮膚」。接著按筆刷工具，選用書法 > 粉筆筆刷來塗顏色。粉筆筆刷的質地就像真的粉筆，可以輕鬆塗抹大範圍的色塊。

請任選喜歡的膚色來塗抹，此階段不用擔心顏色是否準確，因為目前的上色並不是定稿，我們將會多畫幾種上色組合，以探索各種可能。

塗完了皮膚，繼續用同樣的方式，分別建立頭髮、洋裝、配件等圖層來塗色，建議利用圖層分開上色，之後要修改時會更方便。完成所有部位的上色後，請將相關圖層組成群組，重新命名為「上色 1」。

▲ 畫每個元素時都建立新圖層來繪製，因此會有皮膚、頭髮、洋裝、配件等圖層

## 插畫家獨門秘技

如果你有收集自己的創作靈感，例如有製作「情緒板」（可參閱 p.75），可以活用 iPad 的分割視窗功能，以便隨時對照。例如許多創作者都愛用「Pinterest」App※ 收集靈感，你可以開啟 Pinterest App，如下操作。

打開 Procreate，將螢幕底部上滑、叫出 Dock 後，點擊 Pinterest App 圖示，將它按住並拖曳到螢幕的右側或左側即可。這樣就能在用 Procreate 創作時，同時瀏覽參考圖像。

※註：「Pinterest」是以圖片分享為主的的社群平台，以剪貼簿的概念收集喜歡的圖片，以佈告欄的方式呈現。使用者可利用該平台作為個人創意與作品所需的視覺靈感工具。

## 06

我們再繼續嘗試其他的上色方式。請複製上色 1 群組，將它重新命名為「上色 2」，然後將上色 1 群組移至下方，並打開上色 2 群組中的各圖層重新上色，你可以變更服裝或配件等。在重新上色時，建議開啟阿爾法鎖定功能，上色時就不會超出原色塊的範圍：另外，也可以按調整 > 色相、飽和度、亮度 > 圖層來調整顏色。重複此操作即可建立多種不同風格的上色群組，請重複操作直到找出滿意的上色組合。

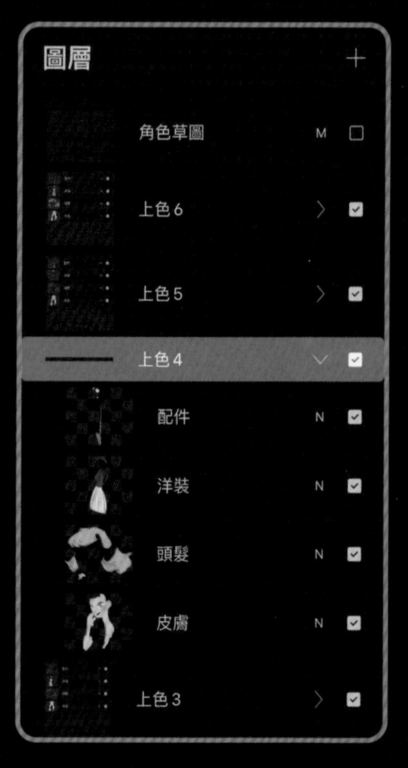


▲ 有啟動阿爾法鎖定的圖層，預覽縮圖的背景會顯示黑灰格紋圖案

## 07

選出一種上色組合當作正式上色的參考（如右圖是選擇上色 4），然後複製該群組，點一下群組名稱，從選單將該群組扁平化為單一圖層，並重新命名為「角色上色」。這樣就建立好上色參考用的圖層。

角色的上色初步決定好了，下一步就是規劃背景。請將與角色相關的所有圖層全部組成一個群組，將該群組命名為「角色」，先隱藏群組，接著就來設計背景。

角色草圖 M
上色 6
上色 5
角色上色 N
上色 4
上色 3
上色 2
上色 1

▶ 將選出來的上色群組複製、合併為角色上色圖層

## 08

規劃背景的方式和前面發想角色時很類似。請從構圖開始，思考角色在背景中的位置和大小。勾勒線條時，若能稍微運用透視效果，就會更有生動的感覺。如果缺乏靈感，可以多研究一些街拍行人的照片。

請建立新圖層，依照構圖畫出背景草圖的初稿，進一步做規劃，然後複製該初稿，將初稿的透明度降低到 30%。接著在最上面再建立一個新圖層，以該初稿為基礎重畫背景草圖，這次要把背景畫得更仔細。完成後，請命名為背景草圖圖層。

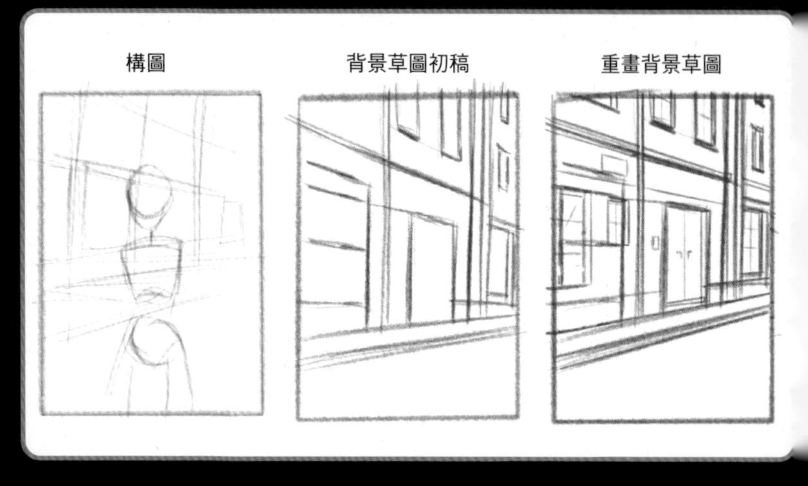


▲ 透過草稿、初稿、重畫的過程，研究如何呈現背景草圖

## 09

確認背景草圖後，即可初步上色。就像前面的步驟，請把背景草圖的混合模式設定為色彩增值，然後在它下面的圖層上色，這裡同樣不是定稿，你可以找些明亮的街景圖片來參考。初步上色後，命名為背景上色圖層，再將步驟 7 的角色上色圖層移動到背景上色圖層上方，並使用變形工具調整角色大小。這是為了觀察角色和背景搭配的效果。

接下來我們再新增圖層來描繪角色身上的光影。首先建立陽光圖層，用淺黃色描繪反射陽光的部位；再建立藍光圖層來描繪反射環境光的區域。最後則建立陰影圖層，使用暖紫色畫陰影，將陰影的混合模式設定為色彩增值，同時降低透明度。完成後，如圖將上述五個圖層組成草圖群組，複製該群組，並將群組合併，命名為上色定稿。

▼ 完成背景和角色的參考用圖層，以及快速測試一下光影的效果

## 10

到此背景和上色都規劃好了，就要開始正式上色。為了避免圖層太過複雜，要建立一個新的 A4 畫布，只把草圖和上色定稿圖層複製過去。

請同時選取背景草圖、角色草圖和上色定稿圖層，用觸控筆按住其中之一，即可讓三個圖層跟著觸控筆移動。請保持用觸控筆按住圖層，同時用另一隻手指點擊作品集，按右上角的＋鈕建立新畫布。開啟後把觸控筆放開，圖層就會自動匯入。

▲ 用觸控筆按住圖層並移動到新畫布，右上角顯示正在移動的圖層數

▲ 匯入的三個圖層會自動命名為插入的圖像，請重新命名

## 11

把上色定稿圖層縮小，我們要將它當作縮圖，放在螢幕的左下角當作參照，這樣就可以隨時用取色滴管吸取上色定稿中的顏色來畫。調整背景草圖和角色草圖圖層的順序，並使用變形功能調整大小和位置。在此我要將角色的眼睛放在構圖前三分之一的區域，如下圖所示。

## 12

接著要來清理草圖，畫出更清晰的線稿。請先隱藏背景草圖圖層，並將角色草圖的透明度降低到 35%。接著在角色草圖圖層上方建立角色線稿圖層，使用著墨 > 滲墨筆刷來描繪確認的線稿。畫好之後，即可把角色草圖圖層隱藏或刪除。接著請把角色線稿圖層的混合模式設定為色彩增值，就可以正式上色了。

◀ 調整後的背景草圖和角色草圖的位置，上色定稿以縮圖狀態放在左下角

▶ 將角色線稿圖層的混合模式設定為色彩增值，接著要在下層上色

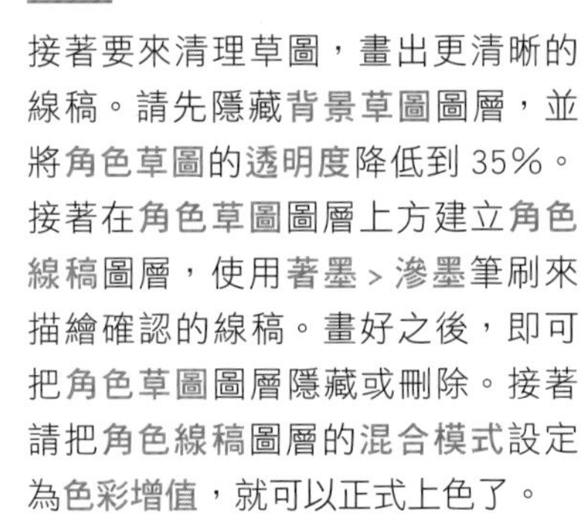

### 插畫家獨門秘技

使用**擦除工具**時，可快速沿用**筆刷工具**的筆觸。方法是先點選**筆刷工具**並且選好要使用的筆刷，然後再長按**擦除工具**，畫布上方會顯示「**以目前筆刷擦除**」，即可沿用在**筆刷工具**設定的筆刷來擦除。

## 13

請將角色線稿圖層的透明度降低到20%，接著要分別建立角色各部位的上色圖層。首先請建立身體圖層，將它移動到角色線稿圖層下方。

圖層面板最下方預設是白色的背景顏色圖層，請按一下該圖層，開啟背景顏色面板並設定成灰色，即可把背景改成灰色。這個步驟是為了讓後續在畫淺色時可以看得更清楚。

另一個重點是，通常在替人像填色（尤其是膚色）時，我會將線稿改為紅色，這樣可以讓人像更有溫度。我會避免用黑色來畫人物的線稿，因為黑色線條會使畫面變得混濁、失去人像的溫暖感。

▶ 將背景顏色設定為灰色

## 14

使用取色滴管工具，從放在左下角的上色定稿縮圖吸取膚色，右上方的顏色鈕就會自動更改為你選擇的顏色。接著選定身體圖層，用著墨 > 滲墨筆刷描繪整個角色的輪廓。請確認描繪時不能有空隙，因為下個步驟要在輪廓中直接填色，若輪廓有空隙，填色時可能會填到畫布上。

畫好輪廓後，請按住右上角的顏色鈕（前面已設定膚色）拖放到畫好的輪廓上。只要該形狀沒有空隙，即可成功填滿。填滿之後，如果在角色邊緣出現細細的白線，就表示沒有填到顏色，這時只需用膚色的筆刷畫上去、覆蓋掉白色即可。

▶ 使用取色滴管，從左下角的上色定稿縮圖吸取膚色

# 15

在身體圖層確認整個角色輪廓後，即可繼續替角色身上每個部位建立新圖層來著色，請替每個圖層開啟剪切遮罩，以免填色時又超出前面畫好的輪廓。例如建立罩衫圖層，然後點擊該圖層，在選單選擇剪切遮罩，則該罩衫圖層會自動剪裁到下面的身體圖層，這樣就會把身體圖層當作模板，填色不會超出範圍。

接著就可以幫罩衫著色，不必擔心塗抹時會超出形狀範圍。方法是用取色滴管從左下角縮圖吸取紅色，大致勾勒出罩衫形狀（但會被身體圖層限制範圍），注意腰部要精確。畫出封閉形狀後，再將顏色鈕拖放到這個形狀裡填色即可。

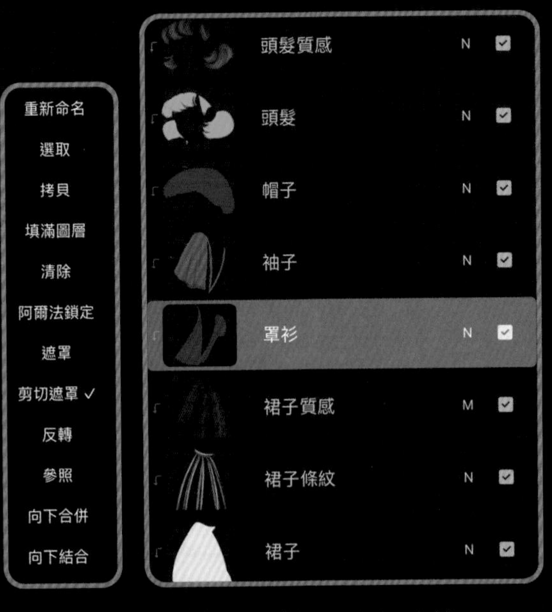


▲ 建立每個上色圖層時都要開啟剪切遮罩。左側會出現向下箭頭符號，表示要以下方圖層剪裁

# 16

用同樣的方式建立出裙子、頭髮、帽子、飾品等上色圖層。特別注意的是紅潤膚色圖層，是使用紅色並選噴漆 > 滴濺筆刷，筆刷尺寸調低到 3%至 5%間，噴上肌膚的紅暈，這可以讓角色擁有暖膚色，呈現出健康的膚質。請把紅潤膚色圖層的混合模式設定為色彩增值。另外，為了讓袖子看起來具有透明感，將袖子圖層的透明度降低到 75%。而頭髮陰影圖層則是為了讓頭髮質感更豐富，用上漆 > 濕丙烯顏料筆刷，將筆刷尺寸調低到 10%，在頭髮上刷出陰影。也可以用淺黃色在頭髮邊緣描繪，模擬出一根根的髮絲。

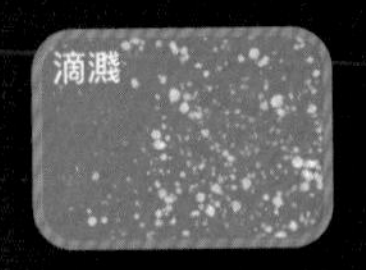


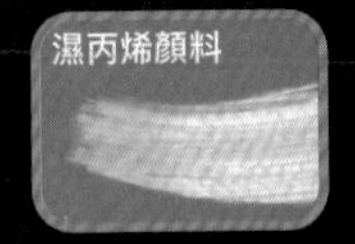

▶ 角色身上每個元素都是建立專屬圖層來上色

## 17

接著要仔細描繪角色的臉。首先在最上方建立眼白圖層來描繪眼白，然後在它上面建立虹膜圖層，注意虹膜圖層要開啟剪切遮罩（剪裁到眼白圖層），如果有需要，這樣做能讓你重新放置虹膜的位置。在虹膜圖層的上面，繼續建立睫毛、眉毛以及嘴唇等圖層，然後把關於臉孔的圖層全部組成群組，將它命名為「臉部」群組。最後，在群組上方，再新增描線圖層，用淡紅色的筆觸重畫線條，以明確界定不同的元素，並將混合模式設定為色彩增值。

▲ 在描線圖層用明確線條來強調頸部、眼皮、鼻子、手指、耳朵內部、背包背帶等細節

## 18

到此角色幾乎完成了，請再用相同的方法替背景上色。首先請將所有角色相關圖層組成角色群組，設定隱藏；接著在角色群組下方再建立背景群組，然後在群組中新增圖層畫地面、牆面、窗戶等細節。每次畫時都要用取色滴管去上色定稿中吸取顏色，然後選用蠟筆類的筆刷快速塗抹色塊。建議將每種元素畫在不同的圖層，以便日後可以分別編輯它們。這裡不必畫得太過準確，因為這只是角色身後的背景，之後我們會處理成模糊、失焦的效果、不會這麼清晰。

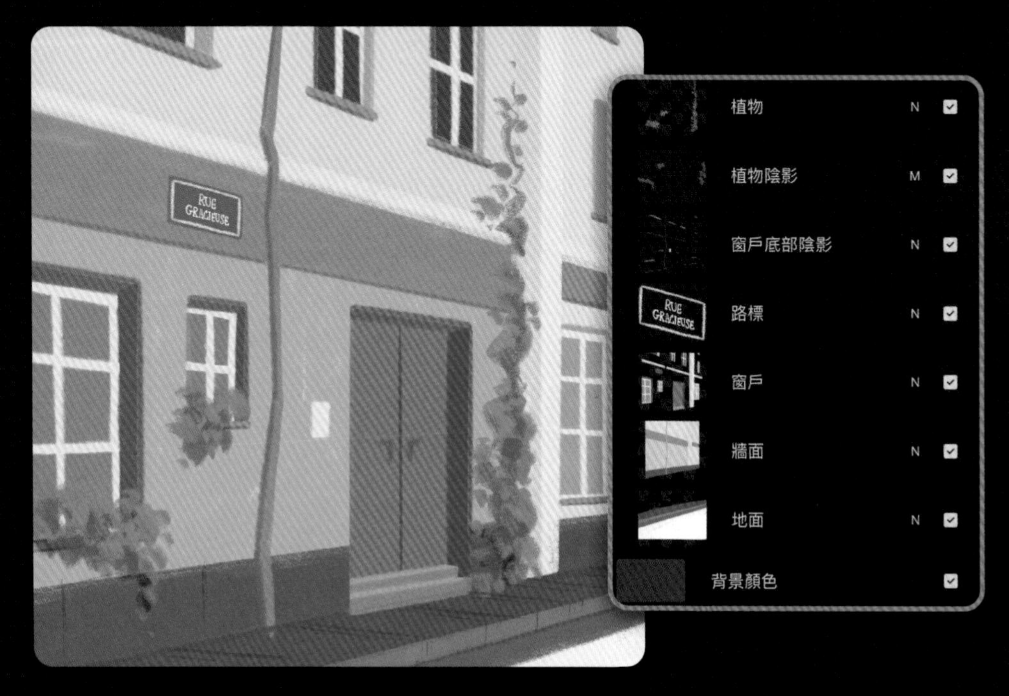


◀ 使用不同的圖層描繪背景的街道

## 19

背景元素畫好了之後，就要製作成背景模糊（失焦）的效果。將整個背景群組複製一份，並將複製後的群組扁平化處理。為了區別扁平化後的圖層，可將該圖層重新命名為人物背景圖層。

將人物背景圖層複製一份，然後按調整 > 高斯模糊 > 圖層，用手指或觸控筆在螢幕上左右滑動，將高斯模糊強度設定為 17%，即可模擬出有點失焦的景深效果。完成後請將圖層重新命名為人物背景 模糊圖層。

▶ 在螢幕上左右滑動，即可控制高斯模糊的強度，越往右滑會越模糊

## 20

背景處理好了，這時要重新和角色搭配在一起，看看是否有需要調整的地方。重新開啟之前隱藏的角色群組，我們發現當角色放在背景的前面時，立體感不夠明顯，看不出光源方向，因此要再加強陰影。

請將角色群組複製一份並扁平化為圖層，將它重新命名為角色圖層。在角色圖層上方再建立陰影圖層，將它的混合模式設定為色彩增值，然後使用偏暖的紫色去繪製陰影。這裡請勿用黑色畫陰影，以免顏色變髒。請選擇著墨 > 滲墨筆刷，將筆刷尺寸調整為 80 到 100%，並把透明度調整為 10 到 20%，稍微塗抹角色的邊緣處（塗抹之前請開啟剪切遮罩），可使角色的輪廓變得柔和。

▶ 將角色放在模糊背景前，感覺陰影不明顯，因此要再調整

## 21

加深陰影後，還要加強光線，才會更加立體。請建立一個陽光圖層，開啟剪切遮罩，用淺黃色描繪陽光照到的地方，並將混合模式設定為覆蓋。若畫到特別亮的地方，可再建立高光圖層來描繪更亮處。此外，角色身上也會反射環境光，因此再建立一個藍光圖層來添加一點天空的藍光。請把混合模式設定為濾色，並將透明度降低到 55%，在角色的帽子、鼻子和手的上緣加一點點淺藍色。為了讓氣氛更柔和，將高光圖層複製一份，移動到最上方，並將混合模式設定為覆蓋、套用 20% 的高斯模糊，就會變成柔和的光暈。最後將光影相關的圖層全部選取，建立為光線群組。

▲ 描繪光線和陰影時都要開啟剪切遮罩

## 22

繼續添加更多細節，讓畫面更精緻。先建立一個眼睛反光圖層，將混合模式設定為覆蓋，並將透明度調低至 13%，用白色描繪眼中的反光。接著建立髮絲圖層，用同樣的白色去描繪細細的髮絲。還可以再建立塵埃圖層，然後在角色的身邊描繪一顆顆不同的小光點，可模擬空氣中飛揚的塵埃。我們再讓塵埃帶點發光，請同樣將塵埃圖層複製一份，套用一點高斯模糊效果，即可塑造出空氣中有著發亮塵埃的炫目特效。

畫好之後請重新整理圖層，將這些圖層全都組成細節群組。

▶ 我們給細節來個特寫，讓你看得更仔細

最後要調整色調，讓氣氛更溫暖。為了將調整套用到整幅插畫，請先把所有內容複製一份、放在最上層。步驟如下：用三指下滑叫出拷貝 & 貼上面板，按拷貝全部鈕，再次用同樣操作叫出面板並且按貼上鈕。這時圖層面板就會出現插入的圖像圖層，它就是複製、合併所有內容的圖層。請將它重新命名為完稿。將完稿圖層複製一份，接著按調整 > 曲線 > 圖層，切換到伽瑪模式並把曲線的中心點拉低，可提高對比；再切換到紅色模式並將曲線拉高，即可讓整幅畫散發出溫暖的感覺。

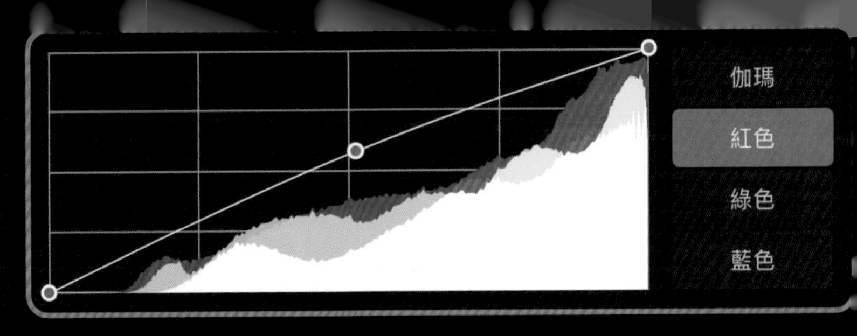


▲ 將所有內容合併再套用曲線調整，才能套用到圖像中的所有顏色

## 24

將完稿圖層複製一份，再按調整 > 透視模糊 > 圖層，把模糊的中心點移動到角色臉部的中央，並將透視模糊強度設定為 5%。雖然效果並不明顯，但能讓角色眼神更靈動。再按調整 > 雜訊 > 圖層，可添加一點粗糙質感。如果想營造錄影帶風的疊影效果，可再複製圖層，將混合模式設定為顏色，然後把圖像稍微移動一點點即可。最後請新增光暈圖層，將混合模式設定為添加，並把透明度降到 30%，然後用噴槍 > 軟筆刷，將筆刷尺寸調大，在畫面右上角噴上橘色的光暈。

▲ 完稿插畫的圖層內容

到此我們已經將整幅插畫完成了，圖層內容如右圖所示。現在你可以將這幅插畫儲存或是分享到網路了（分享方式請參閱 p.18 的說明）。

# 插畫完稿

完成這個專案後，你應該能學到角色設計的流程，包括把角色製作出來，製作角色的背景，並營造可以襯托出角色的氣氛。此外你還可以學到如何創造出溫暖、明亮和充滿活力的氣氛，如何突顯角色並吸引觀眾投入。

未來你可以再試著創造出各種不同的角色，每個角色都會有其獨特的個性或情感，請設計出符合他們的心情的場景，想一想當這個角色害怕、悲傷或是正在戀愛時，你可以用什麼色調來烘托他的情緒和整體氣氛。

Final image ©Aveline Stokart

# 幻想風景

**山繆・印基萊年 (Samuel Inkiläinen)**

這個專案會為你解析如何運用數位繪圖技法畫出幻想中的沙漠景觀，畫中有陡峭的懸崖，還有緩緩漂浮的巨大水母。這堂課會帶著你從無到有體驗完整的繪畫流程，你會學到先從小物體開始畫，之後再逐漸加大尺寸，並挑戰更複雜的任務。體驗過這樣的流程，未來要畫大幅畫作時，就不會感到不知所措。

這個專案的創作流程是先搜尋參考資料，然後創作大量的速繪草圖，讓你進入情況並熟悉主題；接著要創造多幅縮圖，練習以簡化的顏色與構圖和亮度快速構圖，把要創作的東西簡單化。在嘗試了多種配色計畫來改善縮圖之後，你會更了解創作方向，並深入研究實際上應該如何創作。此階段會完成一張彩色的草圖，作為接下來的創作指引。

在創作過程中，還會介紹如何建立自製的 Procreate 筆刷，這會讓你在畫畫時如虎添翼。除此之外，你也會學到如何修正畫錯的地方，或是活用後製技法與調整功能，依喜好去調整畫作，這些技巧都能讓你的作品更上一層樓。

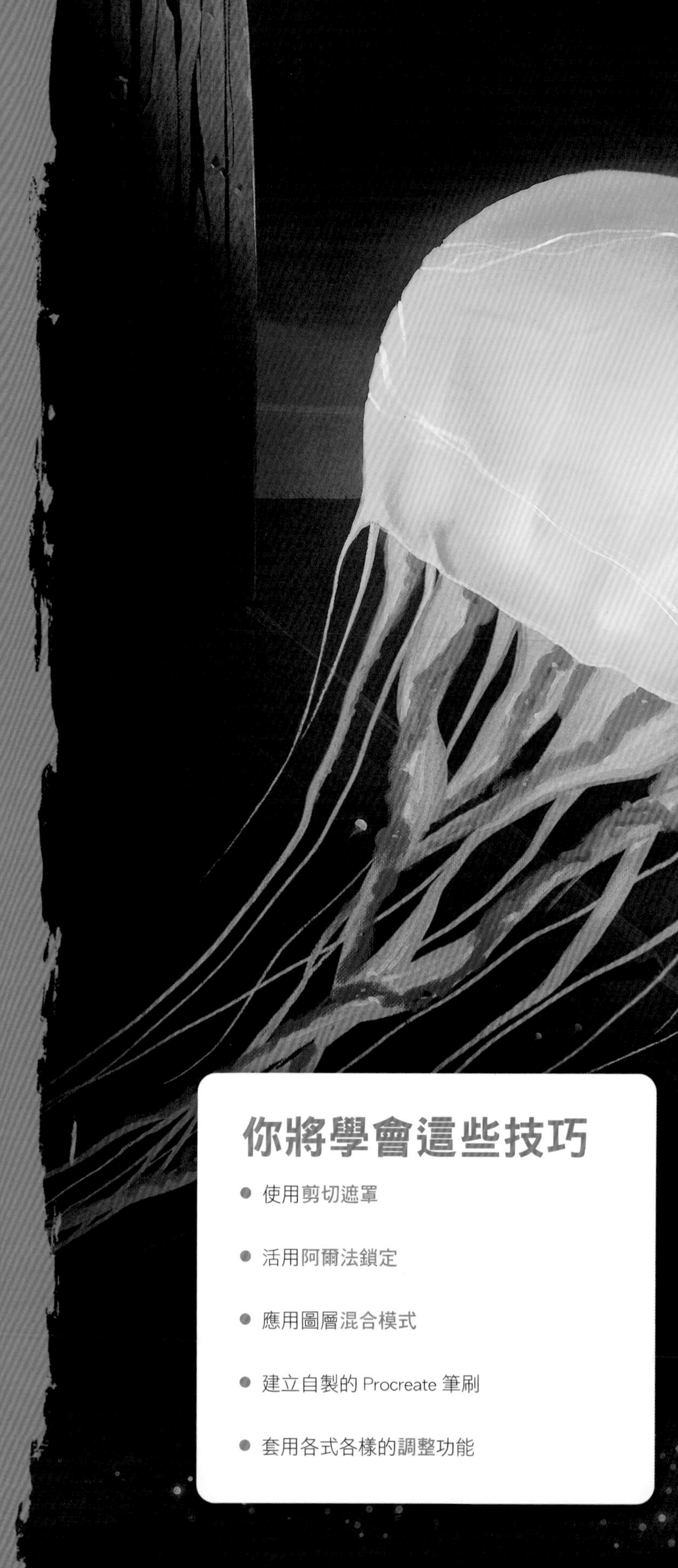

## 你將學會這些技巧

- 使用剪切遮罩
- 活用阿爾法鎖定
- 應用圖層混合模式
- 建立自製的 Procreate 筆刷
- 套用各式各樣的調整功能

PAGE 208

插畫相關資源的下載方式
請參考 p.208

## 01

首先就是要上網尋找素材。請針對想畫的主題，大量瀏覽相關的照片，這是發想創意的好辦法。這個階段建議不要只找參考圖片，而是要連圖片背後的資訊都深入了解。例如希望畫中的陸地是某種地形，可以進一步研究它如何自然形成，這些知識未來都可以應用到作品中，以補充額外細節或提升真實感。

在發想過程中就能根據找到的素材畫出初步的草圖，建議使用素描 > 自動鉛筆或素描 > HB 鉛筆筆刷來畫，這會讓草稿看起來更有手繪感。

▲ 替找到的參考照片畫一些初步草圖，並且做筆記

## 02

這幅畫中預計會有前、中、後景和主角（水母），我們要畫一些簡略的縮圖來規劃整體構圖。畫一個矩形當作縮圖範圍，接著分別建立圖層來畫出背景、中景、水母和前景。在畫縮圖時，你可以實驗看看哪些形狀比較接近你想畫的陸地造型。建立新圖層時，請設定為剪切遮罩，以免超出縮圖範圍。

畫每個元素時，都是先畫出外型，然後開啟阿爾法鎖定功能鎖住透明區域，以便在該形狀內畫更多細節，例如水母或是懸崖都可以這樣畫。

在畫縮圖時，可持續研究各種組合方式，不斷建立新的縮圖，以找出有興趣的風格。畫縮圖的重點是，務必遵循簡潔原則，不要控制不住自己一直去放大或是畫得太複雜，因為最後只會選出一個縮圖。

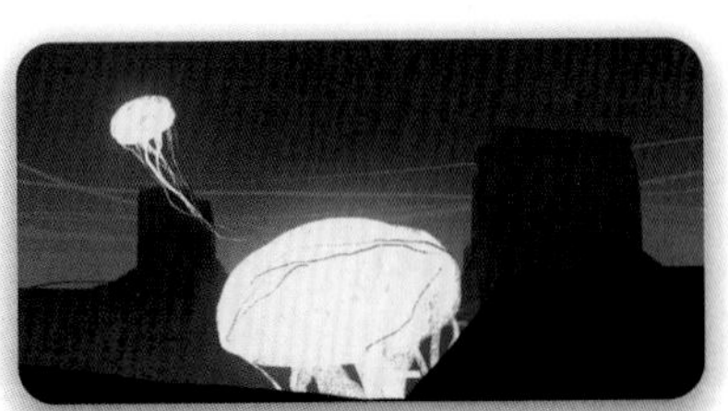

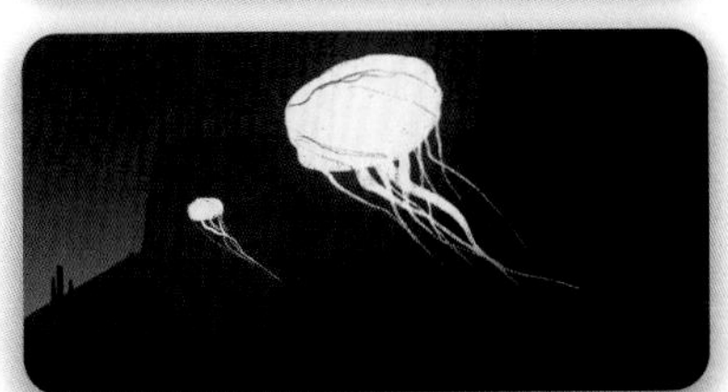

▶ 透過許多簡單縮圖來發想，邊畫邊思考要如何構圖以及畫中的明暗區域分布方式

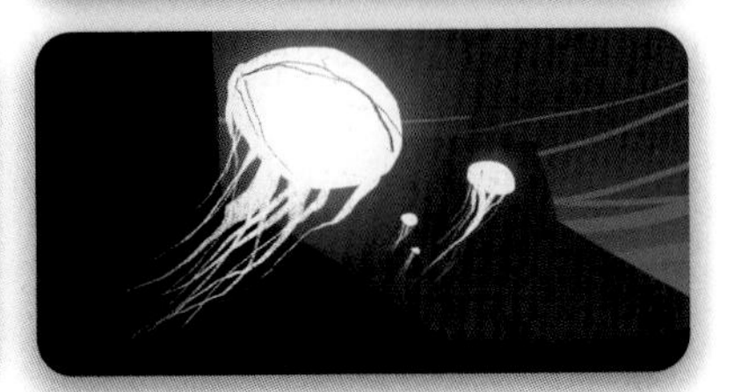

選出一個最有趣的縮圖，選擇標準是即使縮小時也能看清楚內容，這表示這個構圖比較完整。接下來要試做出幾個不同顏色的版本，請把縮圖的圖層複製幾次，分別用調整 > 色彩平衡 > 圖層和調整 > 色相、飽和度、亮度 > 圖層等功能來調色。光是調整色彩還不夠，對於主角的水母，你可以用噴槍 > 軟筆刷刷上大片的漸層色，在細節的地方則用噴槍 > 硬質筆刷將它們畫得更清晰。到此就可以產生多種配色版本。

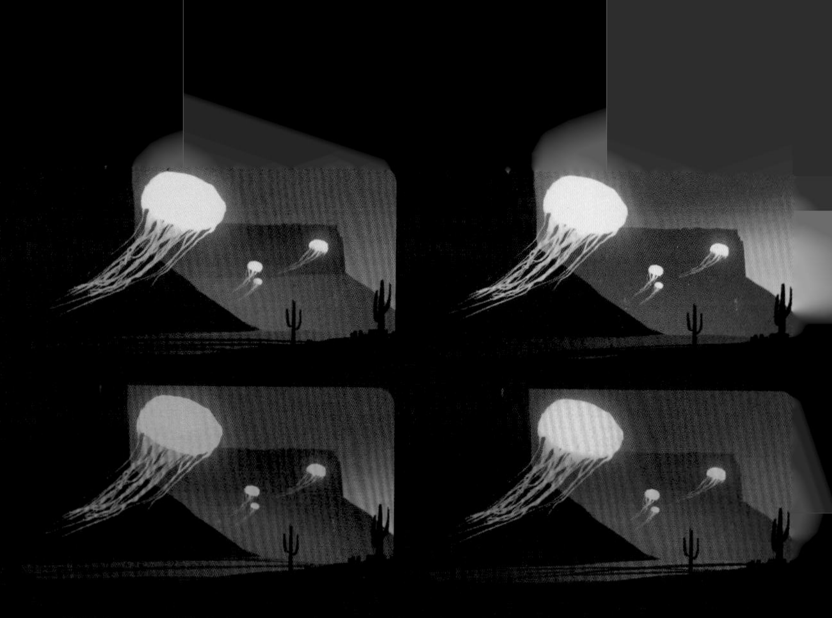

▲ 使用色彩平衡和色相、飽和度、亮度等功能，嘗試不同的配色風格

## 04

在其中選出想要的配色版本，開始美化該縮圖，例如使用噴槍 > 硬質筆刷建立新圖層來描繪，並擦除掉不需要的內容，用這個方法將較大的色塊細修成想要的形狀。畫雲彩時，可利用取色滴管吸取畫中最亮的顏色，用該顏色掠過天空即可。在細修的過程中，可繼續思考畫作背後的故事、要如何抒發創作理念等等。例如我為了表現所想的故事，在前景畫了一個披著斗篷的角色，並且在下方的地面區域點綴細小的光點，就像從地面冒出來的小水母。這張縮圖的用途，就是我們接下來正式畫插畫的參考依據。

▼ 選出想要的配色版本，然後添加更多細節並且確定畫面結構

## 05

接著就要正式開始畫，請建立一個更大的新畫布，將剛剛完成的縮圖圖層拖曳到這個新畫布中，命名為上色參考圖層（方法請參閱 p.98）。接著請以該縮圖為準，清楚地畫出其中各元素的輪廓（你也可以考慮另一種方法，就是將縮圖放大並且照著描繪）。在畫縮圖的階段，目標是快速發想和即興嘗試；到了正式上場的階段，做法則是相反，必須更謹慎小心。請使用取色滴管吸取縮圖中的顏色，用噴槍 > 軟筆刷在天空的區域如圖噴上漸層色。

▲ 從縮圖中吸取顏色，首先繪製天空的漸層色

## 06

選一個稜角分明的筆刷來描繪，例如 Opaque Oil 筆刷（作者有提供此筆刷，請依照 p.208 的說明下載）。請分別建立出背景、中景、水母、前景圖層，並將這些元素畫在專屬的圖層。這種做法的好處是之後可分開處理每個元素，有需要時還能開啟阿爾法鎖定去鎖定透明區域，或是將圖層建立成剪切遮罩來描繪。

▼ 使用稜角分明的筆刷，替畫作裡的主要元素畫出清晰的輪廓

## 07

畫每個元素時，在畫完基本形狀後，可開啟阿爾法鎖定，然後在形狀內畫更多細節。之後的步驟還會加上高光和陰影，因此暫時不要把顏色設定得太暗或太亮。空氣中有許多灰塵和濕氣，距離遠的元素看起來會顯得比較模糊，這種現象稱為「大氣透視（Atmospheric Perspective）」，為模擬這種狀態，請替距離最遠的物體降低對比度和飽和度。將整體色調都選擇偏深和柔和的色彩，可讓發光的淺色水母更加突出。

▲ 在背景和中景的山脈，利用阿爾法鎖定，在同一形狀中塗不同顏色，

## 08

接著要在每個基本形狀的上層建立剪切遮罩，描繪更多細節。首先在背景圖層上面建立光線圖層，設定為剪切遮罩，然後在該圖層中描繪懸崖的向光面，模擬反射的光影。

接著用相同方式，在中景圖層上面也建立光線圖層來描繪反光，並在前景圖層上建立岩石圖層來描繪小碎石、建立懸崖紋路圖層來畫地面的紋路。

▼ 使用剪切遮罩描繪各元素內部的細節

## 09

上述每個剪切遮罩圖層都是在描繪細節，例如背景上方的光線圖層，如果再替這些剪切遮罩開啟阿爾法鎖定，就可以繼續調整這些細節，例如可以改變懸崖的紋路或是快速換色。先決定夕陽的方位(右側)，以確保光線都往同一個方向照射。

接著用噴槍 > 軟筆刷，將夕陽的反方向(左側)刷深，離夕陽越遠就越深。在明暗之間可刷上過渡色，並增加飽和度，使用軟筆刷在顏色過渡區輕輕刷一下，但要維持暗淡的效果。請參考下圖將背景與中景上方的光線圖層都刷上漸層色。

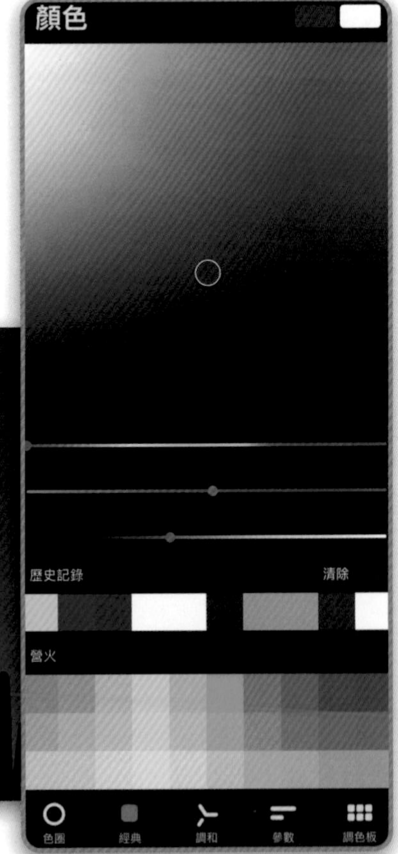

▲ 在設定剪切遮罩的光線圖層開啟使用阿爾法鎖定，然後刷上漸層色

## 10

如果覺得漸層色的效果不夠明顯，請使用選取工具去選擇你要調整的區域，然後用調整 > 色相、飽和度、亮度更改顏色。如果在前面的步驟有把元素邊緣畫得很清楚，選取時就會變得很容易。要調整顏色還有另一種方法，就是改變圖層的混合模式，你可以試試不同的混合模式，看看會出現什麼效果（通常最實用的模式會是色彩增值、添加、顏色減淡、覆蓋、柔光和顏色等）。

請使用噴槍 > 軟筆刷在背景圖層上噴一些霧，然後在前景圖層畫一個角色。這個角色的造型是披著紅色的斗篷，並坐在一根原木上。他的面前還要有個火堆，因此再畫一個橢圓形，當作該火堆的底部。

▲ 套用不同的混合模式來改變圖層混合效果

◀ 將人物畫在右下方

▼ 使用液化工具去針對你不喜歡的形狀改造一下

## 11

如果你對某個元素的形狀不滿意，可以用調整 > 液化中的各種工具來稍作調整，而不必重畫整個元素。例如可以用調整 > 液化 > 推離工具，把邊緣往外或往內推。試試看不同的工具，會有不同的效果。接著要繪製營火，請建立營火圖層，然後在火堆上方用元素 > 火焰筆刷畫出深橘色的營火。回到前景圖層，在營火後方畫一條小徑，然後再建立光暈圖層，使用軟筆刷在火焰周圍和反射陽光的地面上，塗抹暖色的光暈。接著再使用擦除工具，設定噴槍 > 硬質筆刷，將光暈擦出陰影。

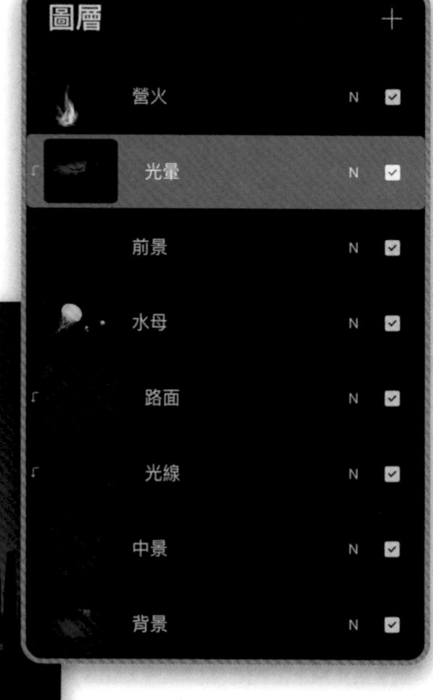

## 12

在懸崖上繼續畫一些更暗的縫隙，使陰影面更清晰。控制你的亮度，並且要避免用純黑色。對於不需要的圖層請合併它們，即可加快工作流程。接著在中間的地面上畫一些小灌木叢，可和廣闊的景色做對比，呈現出畫面的壯觀感。畫小灌木叢時請注意要把它點綴成水平方向的樹簇，並且要營造出離鏡頭越遠、尺寸就越小的遠近感。

在中間的地面畫出小灌木叢，並在懸崖的陰影面畫深色裂縫

## 插畫家獨門秘技

畫畫時，我們很容易對自己的錯誤視而不見，所以建議要常常換不同的角度來觀察作品。例如按**操作 > 畫布 > 水平翻轉畫布**，就能將畫布左右翻轉，重新觀察作品，覺得沒問題時再翻轉回來。如果你發現形狀或顏色安排不理想，也不要灰心，畫畫就是來回反覆修正的過程，我們難免會犯錯。不用著急，先稍微喘口氣，讓眼睛離開螢幕休息一下，再回來畫。

## 13

繼續畫更多反射陽光的平面，使用深橘色來表現溫暖、被夕陽照亮的懸崖區域，以及被營火照亮的岩石。圖層混合模式可設定為覆蓋，效果會更自然。有些物體被光線照射時，會因為該光線帶有顏色（例如營火的火焰是暖色光）而影響物體本身的顏色，上色時也要注意到此現象。因此在畫受光面時，要以光源顏色為主，把光源的顏色淡淡地塗抹在受光面。上色時，建議選擇邊緣較模糊的筆刷，例如噴槍 > 軟筆刷，筆壓則由觸控筆來控制，如右圖的設定。用這種方式來模擬受光面的顏色，效果會更自然。

在筆刷面板點擊筆刷名稱，切換到筆刷工作室，切換到 Apple Pencil 頁次如圖設定，塗抹營火旁的岩石

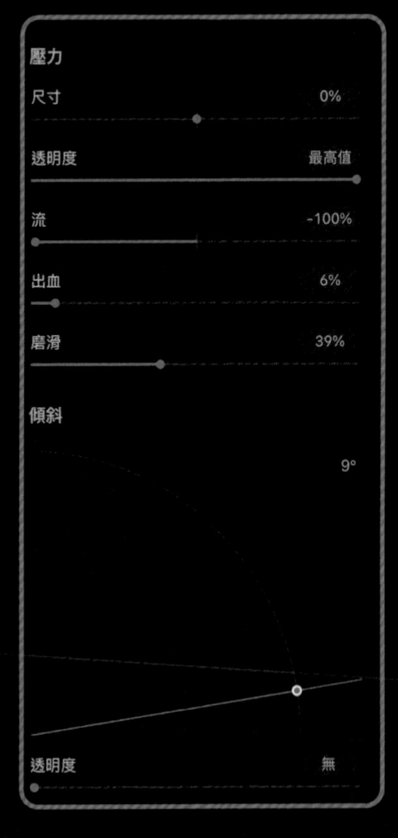

為了展現出畫面的壯闊和距離感，請在背景和前景圖層之間新增雲霧圖層，然後用噴槍 > 軟筆刷，在背景的懸崖和路面等區域輕輕刷上一層淡淡的白霧，這會使背景變亮，並且可以模擬大氣透視效果，因而增加圖層之間的亮度差，讓前後景的界線更加清晰。你也可以再新增圖層並將混合模式設定為覆蓋或是色彩增值，使陰影面變暗，並調整成冷藍色調，可和陽光形成對比。將塗抹工具套用噴槍 > 硬質筆刷，可將霧氣塑造成想要的形狀，由於筆刷的圓形邊緣分明，可以繪製出明顯的邊角，就能和前面用軟筆刷畫的柔和光暈形成強烈的對比。

在圖層之間繪製白茫茫的霧，這個方法可提高對比度並增加氣氛

## 15

挑選一種邊緣清晰的筆刷，我們要在天空畫上雲彩，而且要設計出能與構圖互補的有趣形狀。如圖是在天空隨意塗抹線條，然後你可以用塗抹工具去將雲彩的邊緣抹開來，製造出飄渺絲狀的效果，這樣會更像真的雲彩。這些活潑的雲彩就是構圖的關鍵，可讓畫面變得活潑。建議使用邊緣清晰的筆刷來畫雲，可以明確地設計出雲的形狀，你也可以畫成各種別緻有趣的造型。

使用邊緣清晰的筆刷畫上雲彩，再用塗抹工具將雲彩邊緣抹開，讓它們看起來虛無飄渺又自然

## 16

前面提到夕陽散發的光芒和營火的火光都會影響岩石的色彩，請繼續在這些岩石上添加更多角度面以及反射的高光處。在角色左邊的地上，替他加上一個小背包，並在前景的最左側畫上一大塊岩石，該岩石要和水母的觸角重疊，還要加上一點反射光芒。這些都是為了讓畫面的比例更均衡，並提升場景的壯闊感。

接著請複製**水母**圖層，並將該圖層套用**調整 > 高斯模糊** 35%，將混合模式設定為**變亮**，並把**透明度**降低到 60%，完成水母發光的特效。請再次複製**水母**圖層，這次套用大約 50% 的**高斯模糊**，並將**透明度**設定為 45%。完成後，請將上述這兩個新增的**水母 模糊**圖層以及**水母 加亮**圖層移動到**水母**圖層的下方。

你可以在水母圖層多畫一些細節，讓牠看起來散發出溫暖的光芒

## 17

接下來要在前景中多畫一些樹叢，當然也可以全都用畫的，但如果能先建立一個樹叢筆刷，之後在描繪時會更有效率。因此就先來畫一個製作筆刷用的圖案。

請建立 1000 x 1000 像素的新畫布，將背景顏色設定為黑色，用**選取 > 長方形**建立長方形選區，按面板上的**顏色填充**鈕將它填滿白色，當作樹叢中的一片葉子；複製這片葉子，使用**變形**工具再修改成其他葉子。最後將所有葉子合併，用**擦除**工具（套用任一種柔邊筆刷），擦除一些底部，讓樹叢和下方地面更融合。然後請將此圖另存為 JPEG 圖檔。

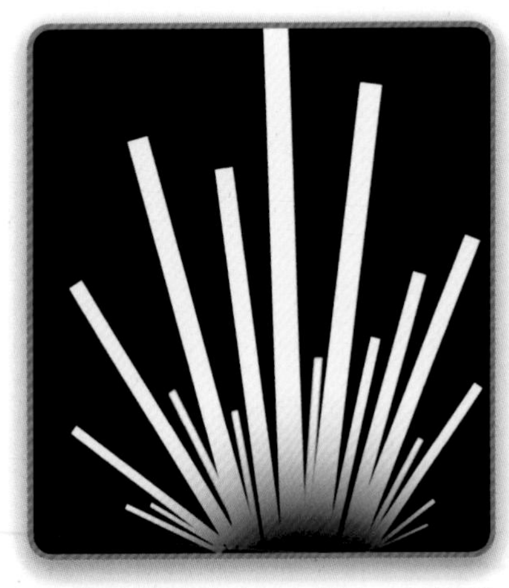

使用這個圖案來建立筆刷，可以輕鬆用筆刷畫出整片的樹叢

## 18

接著就要建立新筆刷。請點選**筆刷**工具，在**筆刷庫**面板點擊「＋」鈕，然後切換到**形狀**頁次，按**形狀來源**右邊的**編輯**鈕，可開啟**形狀編輯器**。請按**形狀編輯器**右側的**匯入 > 匯入一張照片**，即可載入指定的圖片。載入後請按**完成**，然後在**形狀**頁次繼續設定：**散佈** 10%，讓筆刷方向更不規則。再切換到**筆畫路徑**頁次，將**間距**設定為 45%，並將**快速變換**設定為 25%；接著到**動態**頁次，將**快速變換 > 尺寸**調到 45%，這可以讓筆刷尺寸更有變化。最後請切換到 **Apple Pencil** 頁次，將**壓力 > 尺寸**設定為 35%，這樣就能透過筆壓來掌控筆刷的大小，到此就設定好了。你可以在 p.208 的下載資源取得這個筆刷圖案和設定好的筆刷集。

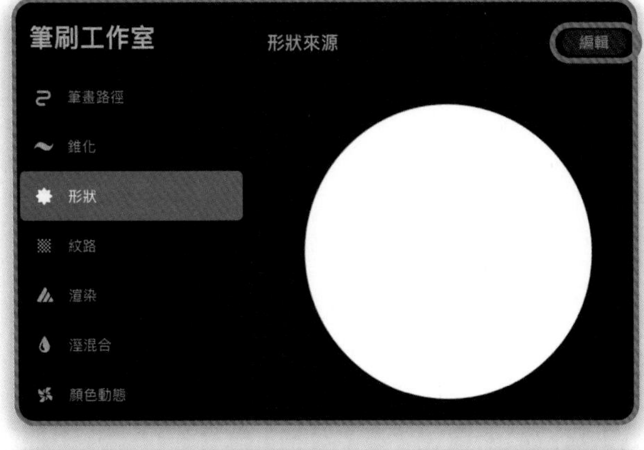


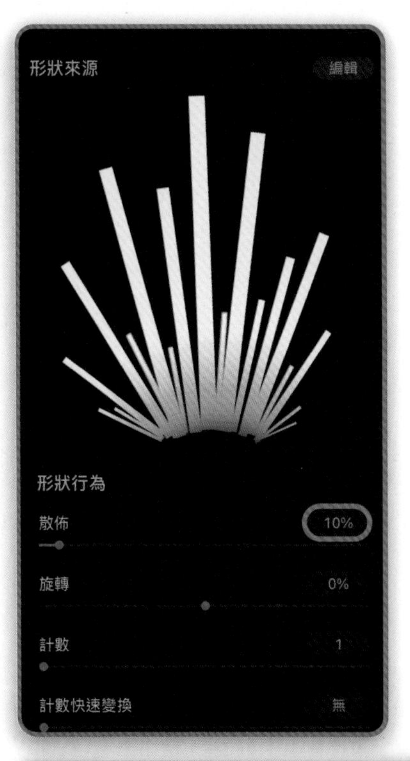

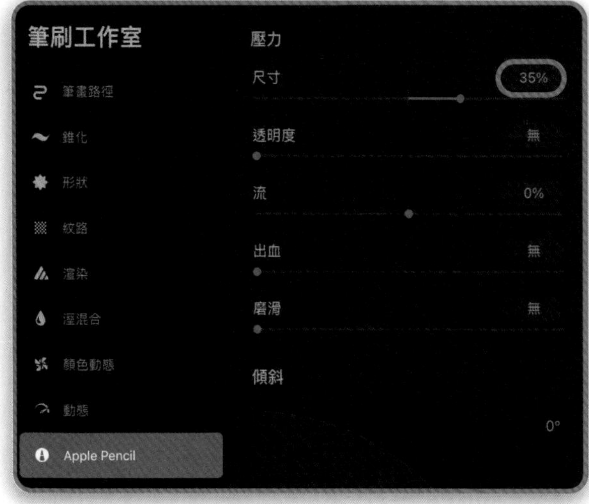


▲ 調整不同的筆刷設定，以製作出需要的效果

## 20

繼續調整整體的色調，並在畫作的焦點區域四周畫更多細節。我甚至將水母圖案建立成斑點筆刷和水母印章筆刷，這樣可以快速點綴許多小水母（這兩個筆刷已包含在本章下載資源的筆刷集中），營造小水母從地面浮上來的感覺。在這個階段，可將不需再單獨編輯的圖層合併，以減少切換的時間。如果你不確定是否該合併，可以先複製檔案作為備份。再使用同樣的方法將小水母圖層複製、套用高斯模糊，替它們加上發光效果。此外，你也可以替大型水母前面的前景物體邊緣添加輪廓光，但請注意不要過量。

▲ 合併圖層並將圖像放大，以便描繪更多細節

### 插畫家獨門秘技

在作品即將完成的階段，應該已經不會再發生徹底大改造的狀況了。現在你已經把該有的元素都安排好，整幅圖像也很有整體感了。接下來你就可以開始雕琢細部的結構，放一點音樂來聽，讓自己放鬆，然後繼續畫下去吧！修飾階段可能是繪畫過程中進展最慢、而且最沒有興奮感的階段，重點是要保持耐性去畫，避免急躁，不要倉促地完成作品。

## 21

利用混合模式修飾整體氣氛，例如使用覆蓋來調整色調；用加亮顏色讓光源更亮、用色彩增值來使區域變暗；並且用柔光調整細部色彩。使用噴槍 > 軟筆刷來做最後修飾，繼續加強各部位的細節，例如可以多加一些小水母、替營火加上煙；畫出更多虛無飄渺的雲霧，甚至能反映巨大水母散發的光芒。這幅畫的視覺焦點就是巨大水母，因此在描繪細節時，也要集中在焦點區域附近。其他次要的區域，則要稍微簡略一些，集中火力在強調焦點上。若你目前想不出該添加什麼內容，可以把畫作擺在一邊，過一兩天再回去畫它，或許會有新發現。到此請最後一次檢查整幅畫，是否還有需要補充的細節。

▲ 使用圖層混合模式來增強圖像的顏色和對比度

## 22

要做最後的加工潤飾前，請將所有圖層合併，然後套用調整 > 銳利化 > 圖層建立更清晰的邊緣（如果擔心銳利化的成果不如預期，可先複製圖層，在複製的圖層上套用後，可擦除不想銳利化的區域）。接著請再建立一個新圖層，命名為雜訊圖層，填滿中間灰色，套用調整 > 雜訊 > 圖層來添加顆粒感。將圖層的混合模式設定為覆蓋，並將透明度降低到 20% 左右；再用調整 > 色相、飽和度、亮度，將飽和度減少為 0，即可打造出精細的單色顆粒感。到此就大功告成了，你可以將這幅畫匯出或分享出去（方法請參閱 p.18）。

▲ 最後的修飾階段，替插畫加上銳利化和雜訊效果，提升質感

Final image© Samuel Inkiläinen

## 插畫完稿

在這幅完稿中，描繪出充滿神秘感的幻想風景，我們運用溫暖但光線昏暗的色調，營造出超自然的氣氛，完美烘托出畫作背後的故事。

在即興創作時，有時真的會感覺茫然、毫無頭緒。因此建議大家都先用粗略的草圖去規劃畫作的內容，這樣可以讓你慢慢想清楚該怎麼搞定這幅畫。我在規劃時，大部分的過程都是花在製造觀眾熟悉的視覺線索，包括逼真的光影、水母確實存在場景中的細節，並建立出準確的比例感，讓巨大水母合理化。如果沒有安排這些視覺線索，巨大水母就不會那麼逼真，你會以為只是剛好靠近相機的普通水母罷了。

作品名稱：Spire（尖頂）

作品名稱：Watchtower（瞭望臺）

# 奇幻生物

**尼可拉斯・柯爾 (Nicoholas Kole)**

這堂課會引導你用 Procreate 一步步創造出一隻幻想中的生物。就像是要設計電玩遊戲中的怪物角色時，我們可能會需要思考一些關於遊戲的問題：這個角色會出現在哪裡？他需要執行哪些功能？有沒有什麼相關知識可能會影響到這個角色的設計？在開始畫之前，就要想清楚這些問題，開始初步摸索。

首先列出幾種你特別喜愛的動物，然後思考一下，你可以從每種動物身上借用哪一些特徵去打造出你的怪物。舉例來說，如果靈感是海底生物，應該很適合改造成外星怪物，因為在大部分影視作品中，他們的生活條件和長相都很接近水生環境的動物，與我們人類有很大的差異。

也許你可以加入一點海獅的樣子、加入虎鯨（殺人鯨）的長相，甚至放上墨西哥鈍口螈[※1]的嘴巴、或是加上鄧氏魚[※2]的牙齒……等。試著拼湊各種你想要的元素，看看你能創造出什麼樣的怪物？

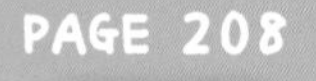

PAGE 208

插畫相關資源的下載方式
請參考 p.208

## 你將學會這些技巧

- 改進與調整草圖，設計出生氣蓬勃的動物造型
- 運用特殊質感筆刷並練習傾斜觸控筆來繪畫
- 事先規劃好要如何設定圖層，讓完稿易於處理
- 活用圖層遮罩製作出靈活、可調整的設計
- 創作複雜的陰影，調整其色調濃淡、展現質感

※ 註 1 墨西哥鈍口螈（Axolotl）：俗稱「六角恐龍」，是墨西哥特有種的水棲型兩棲類動物，臉頰兩側有 3 根外鰓，平均體長 20 公分，皮膚軟嫩、顏色多元。

※ 註 2 鄧氏魚（Dunkleosteus）：又稱「恐魚」，是已經滅絕的史前動物，目前僅存化石。生存年代是距今約 3.82 億至 3.59 億年前，比陸上第一隻恐龍還要早 1.35 億年。此魚屬於盾皮魚綱，其頭部和胸部會覆蓋骨甲。

## 01

首先就開始畫草圖。你可以畫一些喜歡的形狀，或是從大自然中汲取靈感。例如，你可以想想看你喜歡的動物身上有哪些身體特徵，是否具備其他角色很少有的特徵，想想是否可以活用在草圖中。畫草圖時，內容不必太過精準，要是剛開始就描繪過多細節，反而會給自己設限，可能會讓作品呈現僵硬的感覺。

這裡我使用的是付費購買的筆刷，名為「Tara's Oval Sketch NK」筆刷（購買方式請參考 p.208 的說明）。這是筆尖形狀橢圓的素描類筆刷，非常適合畫草稿，但若你不想購買，亦可找類似的筆刷代替。在畫草稿的階段，建議你將筆刷尺寸調大、讓筆畫變粗，這樣可以幫助你畫出粗略的草圖，而不要一直忍不住想越畫越細。

▲ 這個階段請多畫一些草圖來尋找靈感，內容不必太過精準，你可能要在畫出許多草圖後，才能找到自己喜歡的設計

## 02

在畫草圖的過程中，若你發現某個部分特別生動（例如上面 Step 01 所畫的頭部），建議將該圖層複製，繼續發展出改造的版本，例如試試換成別的姿勢或別的構圖後，會有什麼效果。請保持不斷探索的精神，以免設計出看起來老套的怪物。

在描繪奇幻生物時，為了讓牠擁有前所未見的身體構造、異想天開的風格，在畫草圖時就要大膽創新。請先設計簡單的外型，不要讓太多細節佔用你的時間。在簡化設計的同時還是要畫出重點元素，讓觀眾更容易理解。活用簡化造型和重點描繪的手法，就能將觀眾的注意力吸引到你希望他們關注的地方。

▲ 複製草圖中最吸引你的部分，本例是怪物的頭部，試著搭配不同的身體和姿勢，看看結果如何

## 03

畫草圖的時候不必要求完美，這樣才能加快創作的腳步，不必花太多力氣在描繪小細節，請把重點放在探索新的想法。

有個更快完成草圖的方法，就是用液化功能。例如當你設計的內容看起來怪怪的、很突兀；或是你想要修改線條又不想重畫，就可以使用調整 > 液化功能，下方的面板中會有各式各樣的實用工具讓你修改。例如你可以用推離工具，直接輕推修改草圖中的線條位置，甚至改成新的形狀。

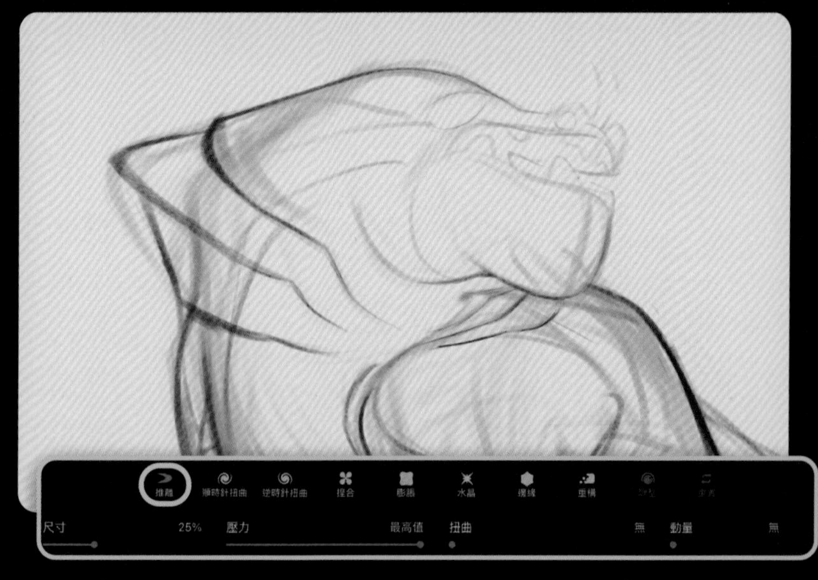


▲ 你可能沒試過用液化功能來修改草圖，請看上圖的範例，活用推離工具，就將頭部改造成誇張的造型

## 04

運用以上說明的各種工具，在草圖中確認出角色的造型和姿勢。接著，請將該草圖圖層的透明度調低，讓這個圖層稍微看得見，但不會太過引人注目。

接下來，請在這張粗略草圖的上方再建立新圖層，並繼續畫出更清晰、更詳細的線條。在這個階段就可以開始加強細節的設計了，例如可以替這個生物畫出指甲或皺紋之類的小細節。

▲ 這是清晰版的草圖。之前的階段我們只是大略地、簡單地畫一下；而在清晰版的草圖中，我們將該生物的手臂和尾巴都調整過了，目的是讓觀眾把注意力集中在該生物的頭部

## 05

草圖差不多快完成了。在開始上色之前，建議你先水平翻轉畫布，從不同的角度來觀察畫作，這樣可以找出有哪些地方畫得差強人意，在草圖階段及時改善，不要不顧一切地埋頭苦幹去上色。

要翻轉畫布時，請選擇操作 > 畫布 > 水平翻轉畫布。用這個方式檢查，通常可以找到一些問題，例如角色的眼睛不對稱，或是四肢透視歪曲偏斜等等。雖然反覆檢查和修改的過程可能會很麻煩，但是養成早點檢查的習慣是很正確的做法，讓你可以重畫有錯的地方、或使用液化 > 推離把錯誤的線條推到正確位置，然後再將畫布翻轉回去即可。

▲ 翻轉畫布後，發現角色的嘴和腮的比例似乎不太對，因此再將這些地方微調

## 06

草圖檢查好之後，就要準備上色了。現在，你應該有一份清晰的草圖，請將它重新命名為線稿圖層，然後將混合模式設定為色彩增值，並且稍微降低透明度。接下來就可以用這份半透明的線稿作為上色的依據。

請在線稿圖層下方再建立新圖層，命名為底色圖層，接著要在此圖層先塗一層底色。建議選一種偏深的中間色調來塗抹，如右圖所示。

這裡我也是使用付費購買的筆刷來上色，名為「MaxU Shader Pastel」（註：本書有提供此筆刷集給讀者，請參考 p.208 的說明來下載）。這是一種模擬粉彩塗抹效果的筆刷，可快速塗抹出大面積的區域。

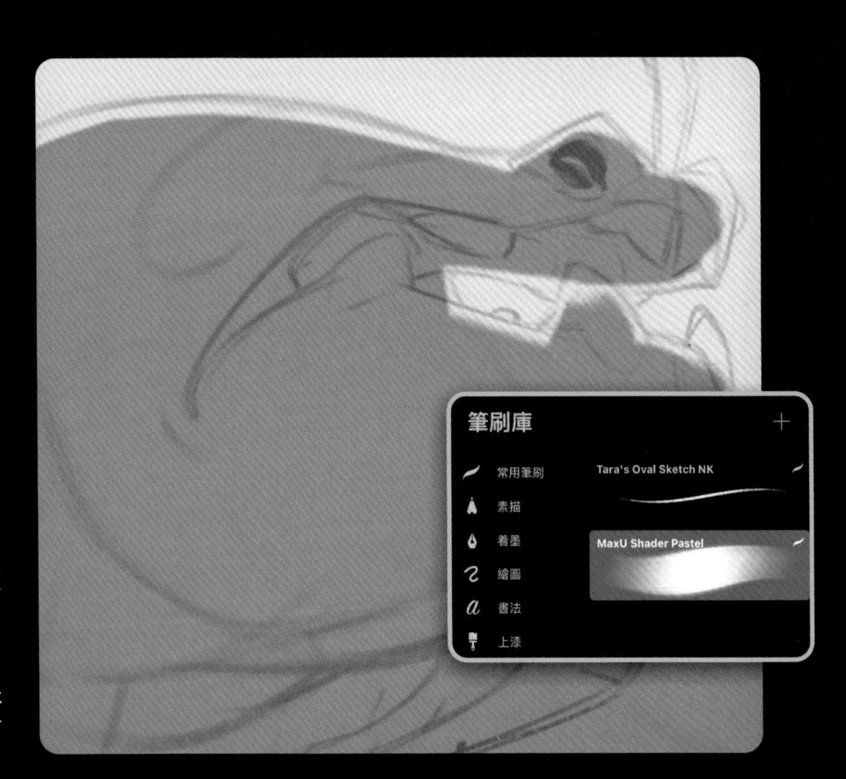


▲ 使用 MaxU Shader Pastel 筆刷快速塗上底色

## 07

在底色圖層上，用中間色調的顏色來勾勒出角色整體的外型，重點是要乾淨俐落，因為後續的上色過程都會使用到這個形狀。上色時是用 MaxU Shader Pastel 筆刷，因為可以快速塗抹出大面積的色塊；但是在塗到邊緣時，我會切換回 Tara's Oval Sketch NK 筆刷精細描繪，才能確保邊緣整齊。這個過程可能會花掉你很多時間，請保持耐心，只要這個階段畫得很漂亮，後續的上色流程會變得輕鬆很多。

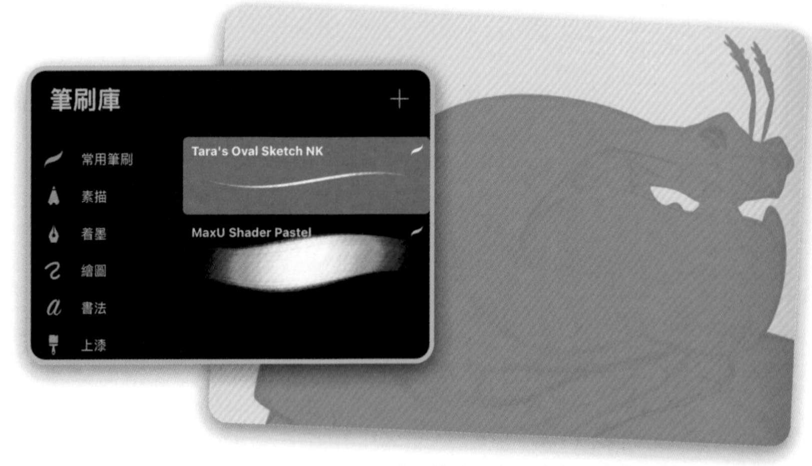


▲ 交替使用兩種筆刷來上色，用較大的筆刷快速塗色，接著用素描類的筆刷仔細描繪邊緣。也可以先框出大概的形狀，然後再仔細描繪細部

## 08

我們在 Step 07 塗滿顏色的色塊，接下來將會製作成圖層遮罩，讓你在每一層上色時，都不用擔心超出這個範圍。在此之前要先將底色的色調變淡，讓底色成為生物腹部的銀白色。請選調整 > 色相、飽和度、亮度 > 圖層，再移動滑桿，把底色調成淺灰色調。下一步就要建立遮罩，以便在怪物的背部刷上深色。

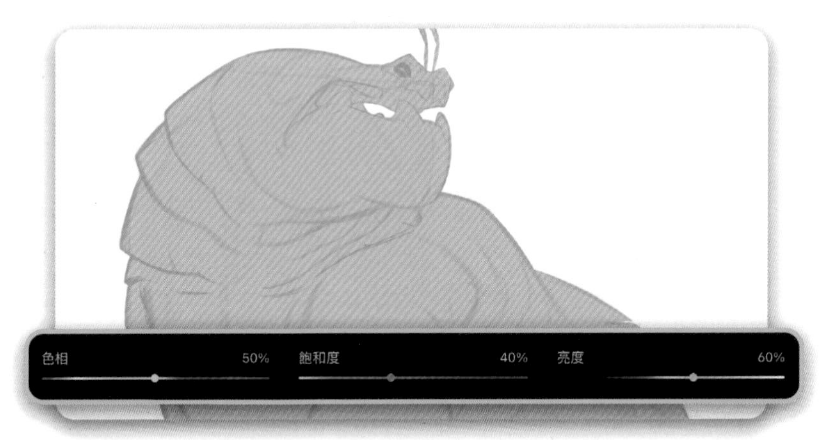


▲ 使用圖層遮罩創作的好處之一，就是可以隨時調整遮罩的顏色

## 09

請打開圖層選單，點擊選取，你會發現該形狀周圍都被斜線覆蓋住，這表示你已成功選取了該形狀。請再建立一個新圖層，命名為選區 1，然後打開選區 1 的圖層選單，點擊遮罩，就會用選取的區域建立遮罩。

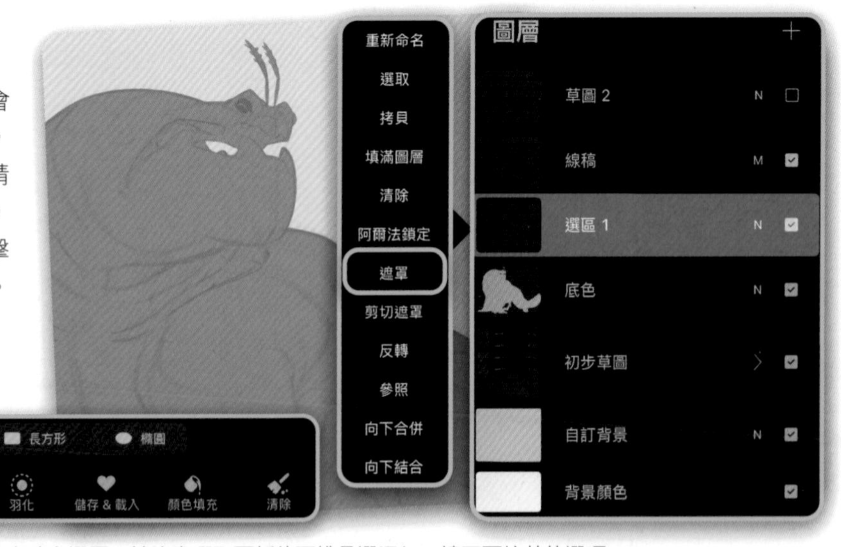


▲ 在圖層選單按選取後，就會用圖層內容建立選區，請注意選取面板的下排是選添加，請不要按其他選項

## 10

選區 1 圖層上方會出現黑白的圖層遮罩，並且和選區 1 圖層連結。請將選區 1 圖層複製幾個（複製包含遮罩的圖層時會連遮罩一起複製），之後我們會在這些圖層上色。使用遮罩的好處，是可以將上色限制在設計好的輪廓內，同時還能將每種顏色留在它專屬的圖層（而且也能單獨編輯圖層遮罩）。

### 插畫家獨門秘技

如果你不太習慣使用遮罩，可能會覺得很複雜，請你要對自己有耐心一點。建議你花點時間，好好學習**遮罩**的基本知識（p.48~p.49），因為遮罩不僅功能強大，而且非常實用。舉例來說，如果客戶突然想把紅色的東西改成藍色時，或許用遮罩靈活調整，會是最佳解法喔！

利用選區，複製出三個帶有遮罩的選區圖層，以後會在這些圖層分別上色。這裡保留原本的底色圖層，是為了日後需要更多遮罩圖層時，可以再使用它來製作

## 11

選取選區 1 圖層，然後選噴槍 > 軟筆刷，開始噴塗第一種顏色，我們要在這隻生物的背部區域都噴一層紅色，由於前面提過生物的腹部是銀白色的，因此在塗紅色時請注意要避開腹部的區域。上色時你就會發現到遮罩的好處，不管怎麼塗，紅色都不會塗到輪廓外面了！接著請使用調整 > 色相、飽和度、亮度 > 圖層，降低紅色的飽和度和亮度，就能把紅色改成炭灰色。

這裡先塗紅色再改成另一種顏色的技巧，是為了示範，讓你知道以後可以用這種方式變換顏色

## 12

前面提過我畫這隻生物的靈感來自虎鯨（殺人鯨），因此就從 Step 10 複製的圖層中選一個，例如選區 2 圖層，然後使用相同的技法，選擇淺灰色，將模仿殺人鯨外觀的花紋畫在生物的背部。

我通常會把物體的每一種固有色都畫在獨立的圖層。固有色（local color）是專有名詞，表示該物體在自然光下的色彩。例如頭髮與皮膚的固有色是不同的，襯衫與頭髮的固有色也不同，因此要個別處理。如果未來要單獨變更某一種顏色、而不想影響周圍的顏色，就要預先建立好分層的圖層結構。

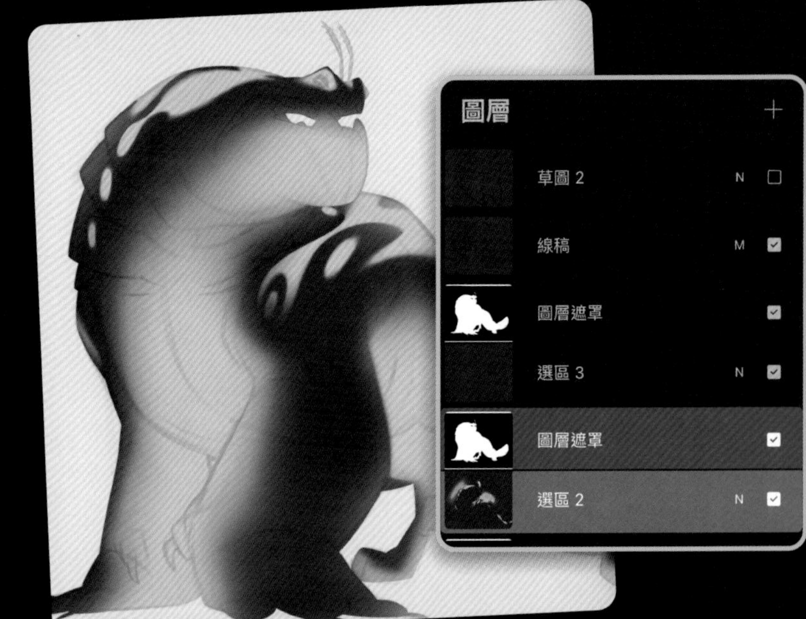


▲ 描繪的紋路和圖案愈多，以後它身上的光影效果就會愈有趣

## 13

以相同的方式，繼續利用每個附帶遮罩的圖層來替各部分上色，並且依內容將圖層重新命名。若有相同顏色但距離遠的元素，也可以畫在同一層，例如眼睛和指甲圖層等。

在某些重點部位我用藍綠色來畫，並且用 Tara's Oval Sketch NK 筆刷來仔細描繪，包括眼睛、背部和垂在尾巴上方的藍綠色背鰭，以及嘴裡發光的部位。

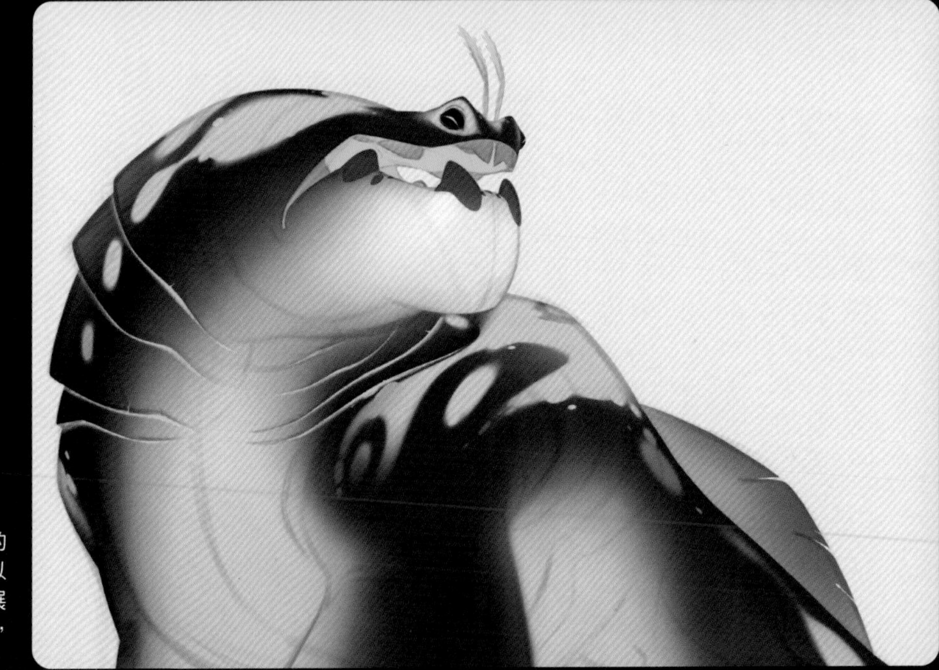

▶ 前面畫草圖時畫出來的線條，在這個階段可以繼續指引你上色和發展角色。把線條畫對畫好，最後一定會收獲滿滿

## 14

畫每個固有色圖層時，剛開始都是塗上純色，然後慢慢將顏色畫得更複雜。要在已經畫好的色塊上繼續畫發光或是漸層效果時，除了使用遮罩功能，也可以開啟阿爾法鎖定，只要用兩指按住圖層往右滑一下，即可將該圖層中的透明像素鎖住。當圖層縮圖填滿格狀底紋，就表示已開啟阿爾法鎖定，接下來只能在該圖層中已繪製內容的區域上畫新的內容。

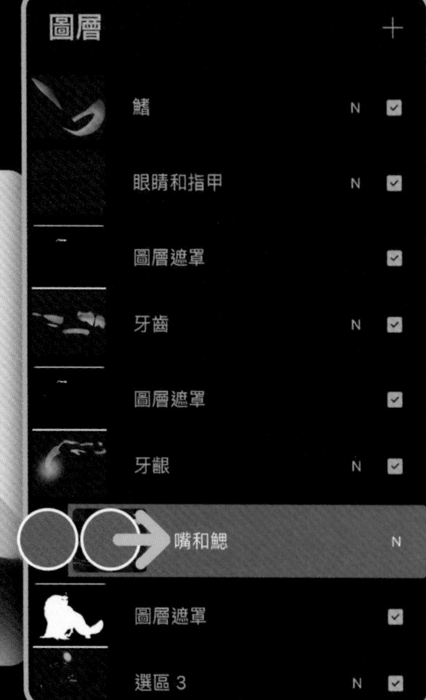


▶ 用兩指按住圖層往右滑一下，即可快速開啟阿爾法鎖定功能。請注意圖層縮圖是否有出現格狀底紋，要常常檢查透明像素是否已被鎖定

## 15

鎖定像素後，將圖像放大來畫細節。我想要在這隻生物的嘴巴深處塗上更亮的藍綠色光芒，表示藍綠色光是來自牠體內的深處。請選擇一種淡藍綠色，然後選擇噴槍 > 軟筆刷，將筆刷尺寸設定為較小的尺寸，再如圖於口腔的深處以及周圍描繪。由於這個圖層有開啟阿爾法鎖定，因此不用擔心藍綠色光芒超出前面已畫好的嘴型。

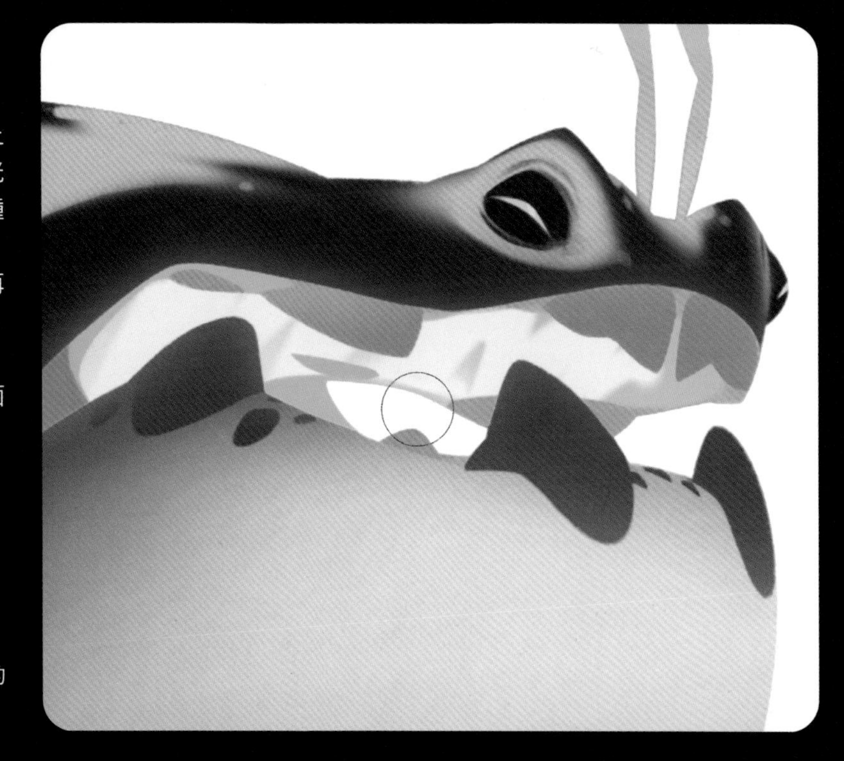

▶ 開啟阿爾法鎖定之後，在已畫好的形狀內製作發光或是漸層效果

## 16

以上述的方式畫每個固有色區域，並個別調整、細修，這個過程可能需要花上一段時間。因此，如果你畫累了，也不介意稍微分散注意力，建議你開個 podcast 節目或找有聲書來聽，稍微放鬆一下。

創作時要保持井然有序、周到仔細，這絕對是值得的，只要固有色處理得完善，接下來的描繪過程將更加順暢。上色時請記住，必須隨時去關閉草圖的圖層，檢查看看作品在沒有描線的狀況下，看起來是不是仍然一樣清楚。

▲ 到了這個階段，形狀和顏色就會讓整體形象越來越鮮明，不需要再費唇舌去解釋背後故事，作品本身就會說話！

## 17

設定好固有色之後，就可以開始為這個生物加強光影效果了。請建立一個新圖層，將它命名為陰影圖層，移動到所有上色（固有色）的圖層上方，注意仍要放在線稿圖層之下（因為線稿圖層必須留在圖層面板的最上層當作參考），並將混合模式設定為色彩增值。

請往圖層面板下方滑動，找到之前用來製作遮色片的底色圖層，點擊它一次，在圖層選單點擊選取，在選取工具發揮功用的情況下，回到新的陰影圖層，點擊它一次，接著在圖層選單選取遮罩，就可以套用和底色圖層同樣形狀的遮罩。

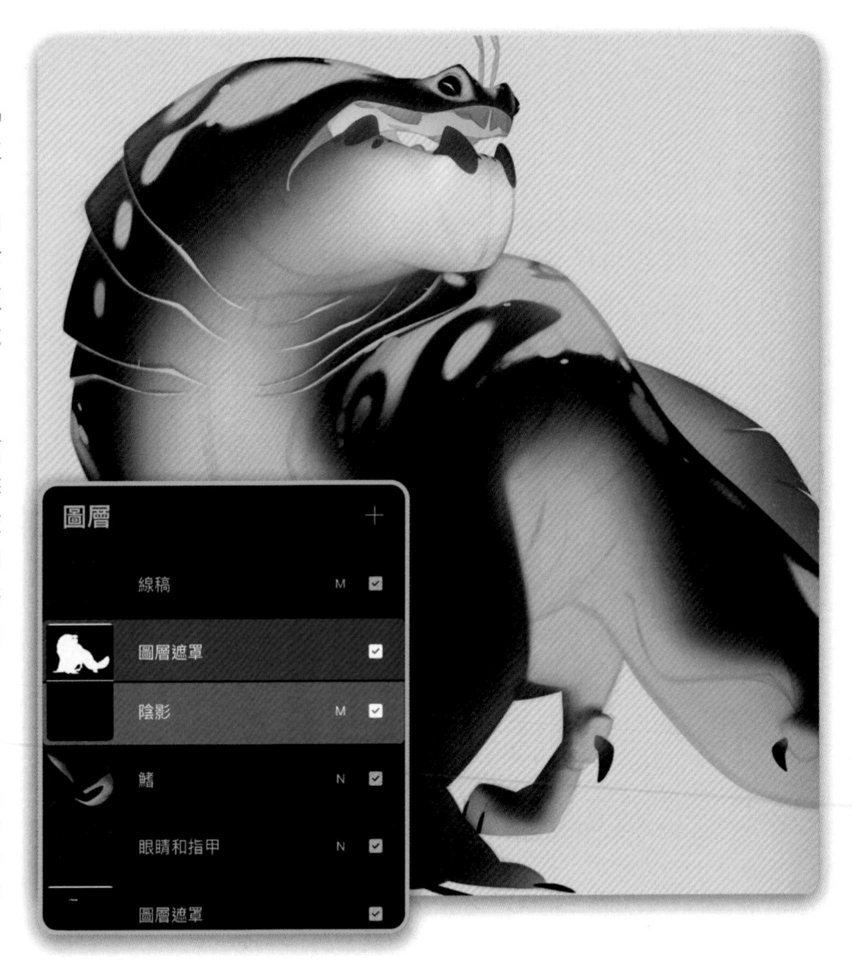


▶ 這個新增的遮罩圖層要用來描繪這幅畫中大部分的陰影。如果你想畫分層的陰影，也可以先複製這個圖層（含遮罩），後續就能創造出多層次的陰影

## 18

剛剛新增的陰影圖層將會成為這個作品的主要陰影圖層，從這個步驟起我們就要幫這個生物加上陰影。由於這個圖層有設定色彩增值混合模式，因此你畫在該圖層的內容，會透到下面的每個固有色圖層，而形成融合的狀態。

這裡我選淡藍色（你也可以試試看其他顏色的陰影），然後開始在每個應該產生陰影的地方塗抹。如果你不太確定，請思考一下光源的方向、這隻生物本身的結構、尺寸和形狀，以及光源的明暗度。

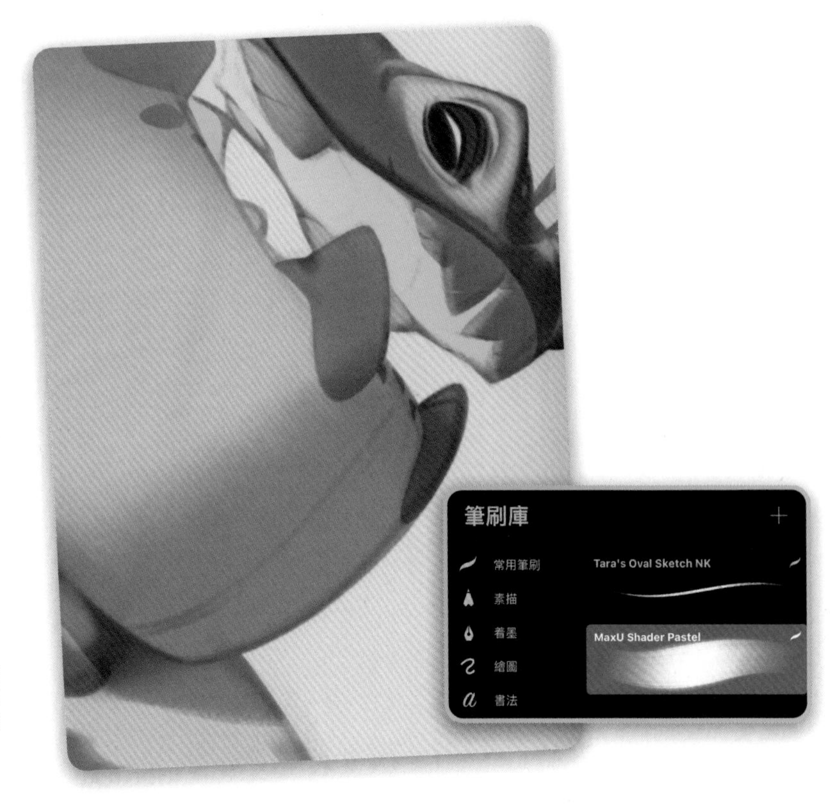


▶ 畫陰影時，要考慮該用柔邊或是硬邊的筆刷。柔邊陰影表示這個東西可能是圓形的，而銳利陰影則表示此處可能是堅硬的折角

## 19

我們分圖層上色的優點之一，就是不用擔心陰影影響到原本的顏色，意思是你可以自由而大膽地添加、塗抹和擦除陰影，直到滿意為止，因為這個圖層不會影響顏色。使用 MaxU Shader Pastel 筆刷勾勒大塊的柔和陰影區域，然後用 Tara's Oval Sketch NK 筆刷描繪細部的皺紋或是精緻的轉彎形狀等等。需要修改時，你也可以將塗抹工具設定為 MaxU Shader Pastel 筆刷，去把原本硬邦邦的陰影抹開、讓它們變柔和，但要謹慎使用這個功能。

▶ 如果遇到表面有急轉彎的狀況，就描繪清晰邊緣；如果是較圓滑的表面，就畫上柔和的漸層陰影

塗陰影的方式和前面的上色方式很類似，先用單色塗抹陰影，把重點放在陰影的形狀、位置和效果，再慢慢增加陰影的顏色和複雜度。要添加不同顏色的陰影時，建議開啟阿爾法鎖定（鎖住沒上陰影的區域以免干擾），然後使用噴槍 > 軟筆刷在原本的陰影上塗抹不同的顏色。

以本例來說，在要流洩出明亮光線的地方，我是用紅色和金色輕刷；在要讓冷光反射的地方，則是刷上明亮的藍色與藍綠色；如果有想要強調深層皺褶或凹痕的地方，則是塗上較深的藍色及紫色。

▲ 為了看清楚陰影效果，我暫時將所有固有色和基礎圖層都關閉，只保留陰影圖層。請注意上圖中顏色和亮度的變化

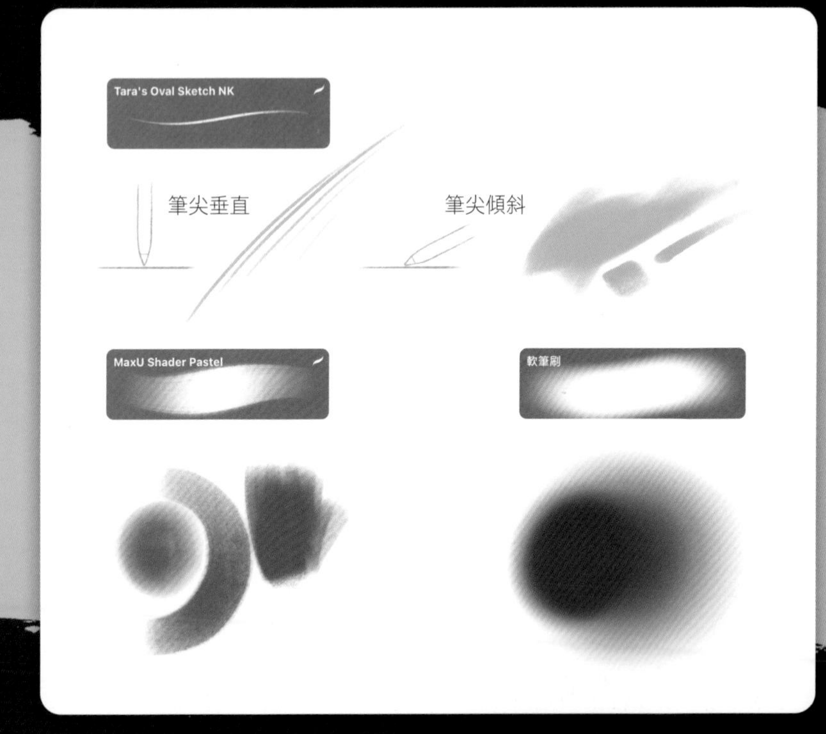


## 插畫家獨門秘技

要把柔和或堅硬的邊緣畫得好，這是需要練習的。使用觸控筆時，Tara's Oval Sketch NK 筆刷畫的線條是清晰的；如果你試著傾斜觸控筆，就可以畫出比較柔和的線條。我通常會混用這三種筆刷：筆尖垂直或傾斜的 Tara's Oval Sketch NK 筆刷、MaxU Shader Pastel 筆刷、**噴槍 > 軟筆刷**，這樣就能畫出各種效果的邊緣。

## 21

用上述的方式描繪陰影，同時也能定義出光線的形狀（硬光或柔光，這個技法和水彩畫很類似）。你可以想想看，在哪些地方加上發光效果的話會讓作品更完美。為了畫發光效果，請建立一個新圖層，命名為發光，並將混合模式設定為覆蓋。

接著請使用噴槍＞軟筆刷，把筆刷尺寸調大、並且選個鮮豔的顏色，輕輕刷在這隻生物身上應該要發光的區域。請你謹慎塗抹，如果發光的地方太多，看起來會太過頭。

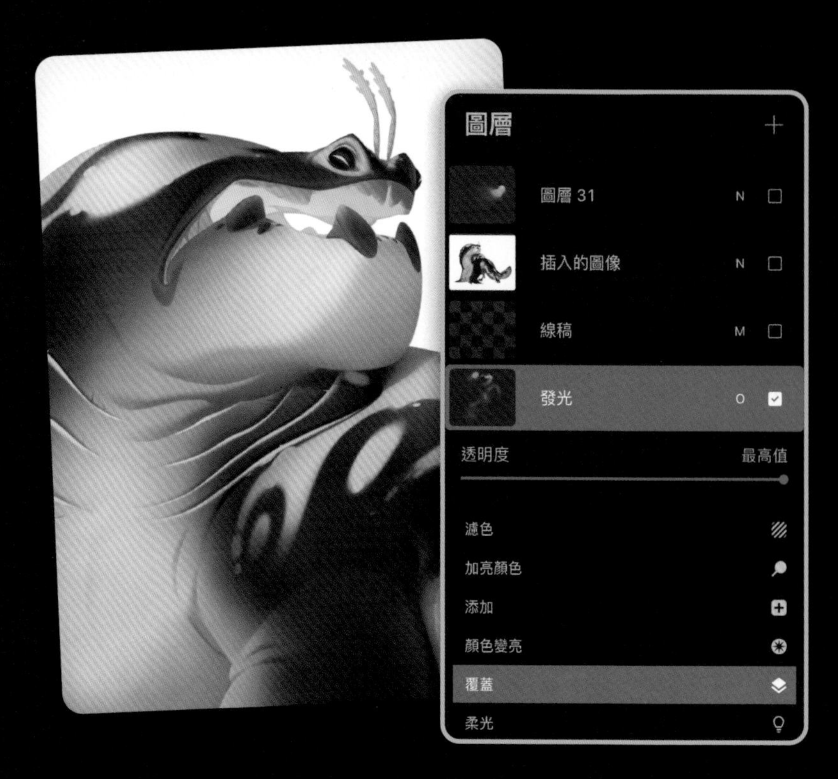


▶ 雖然效果不明顯，但在嘴裡和脖子突起的地方有發光，增加生物的逼真感

## 22

最後我們再建立一個新圖層，命名為完稿細節圖層，要做最後修飾。請利用這個圖層來加強整個作品的細節，例如調整透明度、描繪發光的背脊、反光或花紋等。

在這隻生物身上，如果有尚未清楚描繪的細節，請依照你的喜好，把它們慢慢呈現出來。你可以花很長的時間在最上面的圖層描繪細節，如果你之前有打好基礎，包括完善的固有色和光影結構，它們就會在最後修飾的階段帶領你邁向成功。

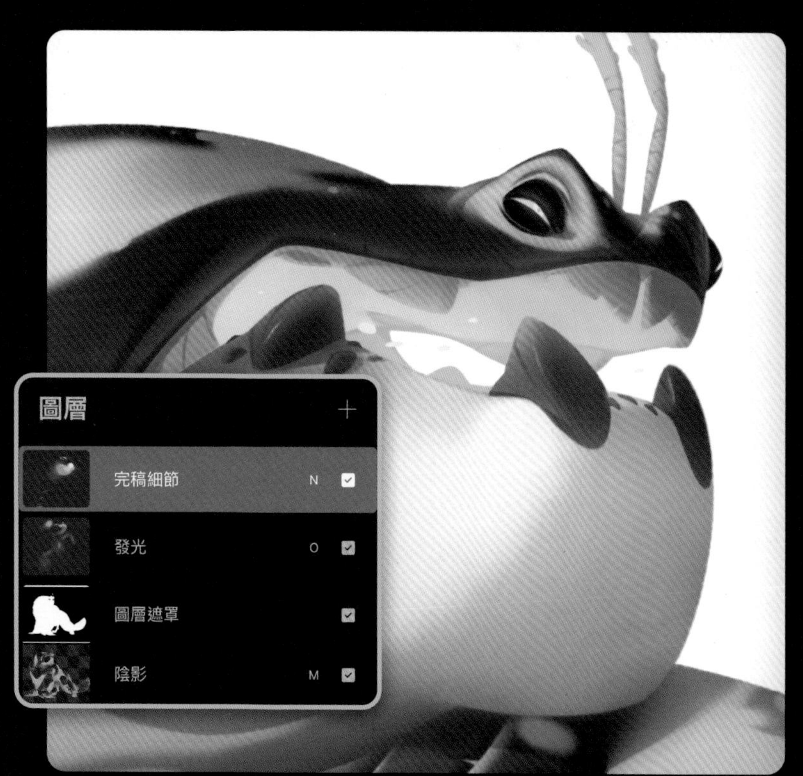


▶ 繼續強化一些小細節，例如牙齒上的反光、眼中的瞳孔、下巴的光影等

Final image © Nicholas Kole

## 23

最後替這隻生物加上符合的背景。背景可以襯托主角，建立出場景的規模，甚至讓故事更完整。但是請注意，Less is more，不要讓背景有太多引人注目的細節，以免搶走你這隻生物的風采！我建議畫出一個彷彿來自異世界的凍原雪景，因為我當初創造牠的靈感就是來自寒帶的動物。

處理背景時的重點是，亮度要高、對比度要低，以確保前面的主角能突顯出來。要思考背景中所有元素和這隻生物的距離，如果距離遠，可讓那些元素逐漸變得模糊，營造出淺景深的感覺，這樣也能將觀眾的注意力集中在主角身上。你可以再加上地面投射的陰影、柔和的霧和飄落的雪花等，這都是為了烘托主角，讓作品更令人賞心悅目。等修飾到滿意後，即可匯出完稿作品（匯出方法請參閱 p.18 的說明）。

◀ 背景能把生物設定在屬於牠的環境中，描繪重點是不能分散觀眾的注意力

## 插畫完稿

完成這個專案後，你會得到一個結構穩固、還能任意變動的分層檔案，其中包含了一隻奇幻生物。你可以再依自己的喜好去調整牠的樣子，建議你用 Procreate 強大的**遮罩**與**圖層混合模式**來調整。例如改變各遮罩的內容，觀察會造成什麼細微差別；或是試著加入有紋理材質的圖片來合成，或是重疊多層陰影，或許會得到更令人滿意的結果。**遮罩**功能一開始可能會很難理解，不過一旦你掌握它，就能拓展創作空間，幫助你提升創作內容，創造出更複雜的專業級作品。

作品名稱：Igiby Cottage（伊吉比小屋）※

※註：這幅插畫是描繪動畫作品《The Wingfeather Saga》（暫譯：翼羽傳奇）裡人物的住所。本章作者尼可拉斯・柯爾（Nicholas Kole）有參與該動畫的前期概念製作與視覺開發工作

作品名稱：Jack Versus Duncan - Jellybots（傑克與鄧肯互別苗頭－《果凍機器人》）※

※ 註：《Jellybots》（暫譯：果凍機器人）是本章作者尼可拉斯・柯爾（Nicholas Kole）創作的繽紛科幻作品，故事中的樂園裡所有生物都是果凍，充滿想像力，並呈現出每個角色獨特的樣貌

# 復古海報插畫

**馬克斯・烏利希尼 (Max Ulichney)**

插畫家們所接受的訓練，通常是把重點放在畫面設計和繪畫技法，但還有一些事也是很重要的，那就是研究角色的動機，用畫面講故事。角色應該有他自己內心的獨白或是對自己的渴望。這堂課我們將打造一個有趣的懷舊場景，場景中有個剛下課的男孩，沐浴在溫暖的午後陽光裡，聽著他哥哥的唱片。其實他本來應該去寫作業，或是去打掃他亂七八糟的房間。這幅畫中包含各種精彩細節，例如他的貓，還有牆上的偶像海報，可以精彩地傳達背後的故事。

課程中也會複習基本的筆刷技法，並建立出自訂的不透明水彩筆刷。你會學到如何用豐富且生動的技法在 Procreate 中畫畫，我們將會結合傳統手繪媒材的風格和數位繪畫的靈活特性，打造出看起來質感豐富、溫暖又具有手繪風格的作品，同時還能兼顧 Procreate 的優勢，為作品注入更多好玩又有趣的能量！

此外，課程中也會活用 Procreate 的繪圖參考線功能，打造出具有透視效果的場景。你會發現用 Procreate 建立透視場景一點也不難！

PAGE 208

插畫相關資源的下載方式
請參考 p.208

## 你將學會這些技巧

- 建立分鏡圖來發想草稿
- 活用調整功能中的曲線、色彩平衡，還有色相、飽和度、亮度來調整作品色調。
- 使用繪圖參考線和繪圖輔助等功能來建立具有透視效果的場景，並且利用快速繪圖形狀工具繪製幾何形狀的物體。
- 製作符合需求的自定筆刷
- 將數位繪畫處理成傳統手繪風格

## 01

這堂課要畫的東西比較多而且畫面比較複雜，就像前幾堂課的示範，我們要先建立草稿和上色參考圖，以便後續對照，因此第一步就是先畫四格分鏡圖來發想草稿。請開啟新畫布，建立一個圖層來畫參考線。請用筆刷從畫布一角畫線到對角線的另一角，由於有內建快速繪圖形狀工具，手繪線條會變成直線（請參閱p.36），讓兩條線交叉成「X」形當作參考線。接著再建立一個圖層並重新命名為分鏡圖，按操作 > 畫布並啟用繪圖參考線，點擊它下方的編輯 繪圖參考線，選擇 2D 網格，並透過面板調整成符合需求的網格。接下來請參考剛剛畫好的對角線，如圖畫四個與畫布比例相同的方格，這就是分鏡圖。完成後，請分別點選參考線圖層和分鏡圖圖層，如圖開啟繪圖輔助，將這些圖層設定為繪圖輔助圖層。

▶ 使用快速繪圖形狀工具和繪圖參考線來建立四格分鏡圖

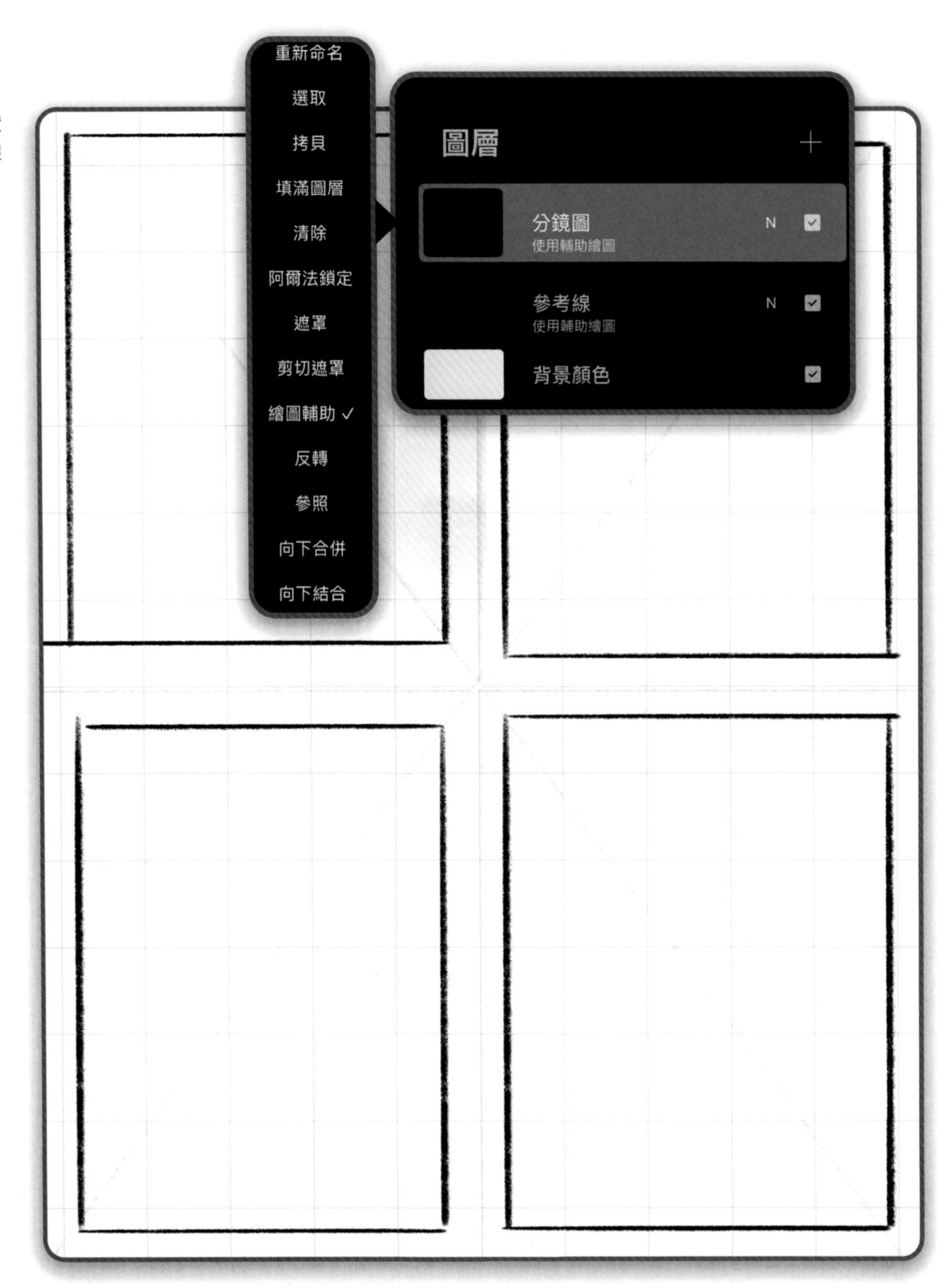

## 02

請花點時間好好構思構圖和你想講的故事，然後就在分鏡圖圖層下方建立「速寫 A」圖層來畫草稿。這裡我選用自製的鉛筆效果筆刷「MaxU Sketchy Sarmento」來畫（註：作者有提供此筆刷集給讀者，請先參考 p.208 來下載，以便跟著練習）。

左上方的「速寫 A」是最初的靈感，我讓這個男孩坐在地上，靜靜沉醉在音樂裡；不過這似乎還缺少情感與說故事的元素。因此我複製這個圖層、重新命名為「速寫 B」圖層，用變形功能移到另一格繼續發想。這次我想到讓他彈一下空氣吉他，看起來應該會更活潑有趣。下一格的「速寫 C」圖層我又冒出新點子：再畫一隻貓來抓他的手指！最後再修飾細節，完成草稿「速寫 D」圖層。

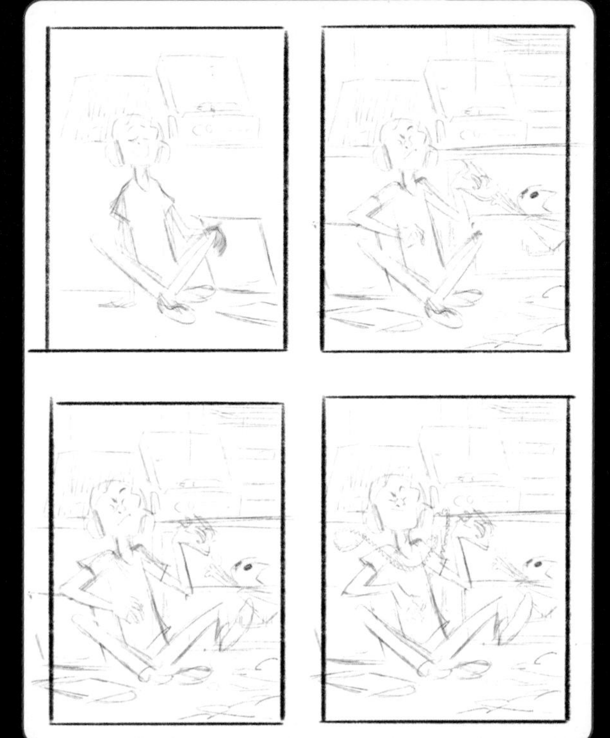

▲ 每次複製縮圖並重新發想，就會浮現新點子，同時也把人物姿勢調整得更加自然

## 03

完成草稿之後，就要來規劃色彩。先建立基本上色圖層，替每個元素大致塗上固有色；然後在上方建立陰影圖層，將整個縮圖塗滿淺藍色，將混合模式設定為色彩增值，目的是將房間變暗。通常畫陰影有很多方法，但是由於房間偏暗，主角也背光，因此調暗即可。也可替陰影圖層建立剪切遮罩，設定覆蓋模式來加強局部。

畫中的光源主要來自窗口灑進來的光線，主角和某些物件是背對光源（背光），只有邊緣輪廓被照亮※。因此再建立輪廓光圖層，用淺黃色描繪部分發光的輪廓。

※註：輪廓光（Rim Light）是逆光下常見的攝影手法，通常是在較暗的場景中，活用逆光照亮拍攝主體的邊緣，此手法可突顯出拍攝主體。

▲ 將初步上色用的圖層組成群組，命名為上色 A，之後可複製此群組做其他組合

## 04

複製上色 A 群組，命名為上色 B，繼續加強上色。接下來要讓畫面被夕陽的光輝籠罩，請建立霧光圖層，並且塗滿橘色，並替這個圖層加上圖層遮罩。接著點擊遮罩的縮圖，選擇反轉，將白色遮罩變成黑色。接下來使用自製的雲霧效果筆刷「MaxU Grain Cloud」(註：作者有提供此筆刷集)，在遮罩中輕輕塗上白色以露出橘色。最後將霧光圖層的混合模式設定為濾色。

雖然房間被橘色霧光籠罩，但主角舉起的手和臉仍要保持清晰，因此在霧光圖層上新增舉手細節圖層，設定為剪切遮罩，在這個圖層描繪的內容都只會影響霧光圖層。請在剪切遮罩中將臉龐和舉起的手等處塗黑，這些部份就會變清晰(因為不再被霧光所覆蓋)。

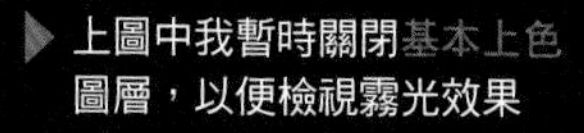

▶ 上圖中我暫時關閉基本上色圖層，以便檢視霧光效果

## 05

前面將上色內容組成群組，並複製群組來調整不同的風格，活用這個方法，就可以做出多組不同風格的上色模式。你可以搭配背景故事，思考插畫場景是發生在什麼時刻、光線如何，再建立符合的上色模式，並且用調整 > 色相、飽和度、亮度 > 圖層，改變陰影圖層的色調。

以這個專案來說，我建立一組復古懷舊感風格配色，模擬使用寶麗萊拍立得相機(Polaroid)或是 8 釐米攝影機拍攝復古色調。如果調整後你還是覺得縮圖裡的顏色有些單調(例如右圖上面四個縮圖)，建議你將該群組扁平化(合併群組)，然後使用調整 > 色彩平衡 > 圖層，繼續加強色調，直到滿意為止。

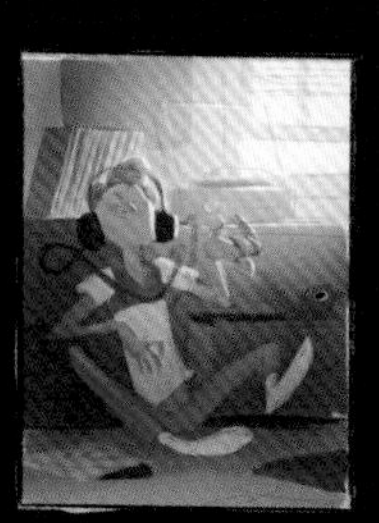

▲ 我調整了 8 種顏色變化，最後選擇右下方的縮圖

## 插畫家獨門秘技

如果想要讓插畫背後的故事更完整，最重要的工作，就是準備詳盡的參考資料。例如這幅畫的背景大概設定為1980 年代，因此就要確保畫中每個物品和衣服都要符合那個時代，尤其是音響之類的老家電產品。人的記憶經常忽略細節，你或許不會記得 70 或 80 年代的音響外觀，因此要努力找更多參考資料，才能根據現實生活去創作。這樣一來，觀賞作品的觀眾才能有更深刻的體驗。

## 06

草稿和上色都規劃好了，現在開始要來描繪確認的線稿，首先要開啟透視參考線。請點擊操作 > 畫布，開啟繪圖參考線，接著按編輯繪圖參考線，在面板上切換為透視模式。把圖像縮小，然後在地平線的高度點一下畫布外的右側，建立第一個消失點；再於畫布外的左側、再遠一點的地方點擊一次，建立第二個消失點，即可完成兩點透視的透視參考線。你也可以使用操作 > 水平翻轉畫布來左右翻轉，檢查是否有怪異的狀況。檢查後即可翻轉回來。

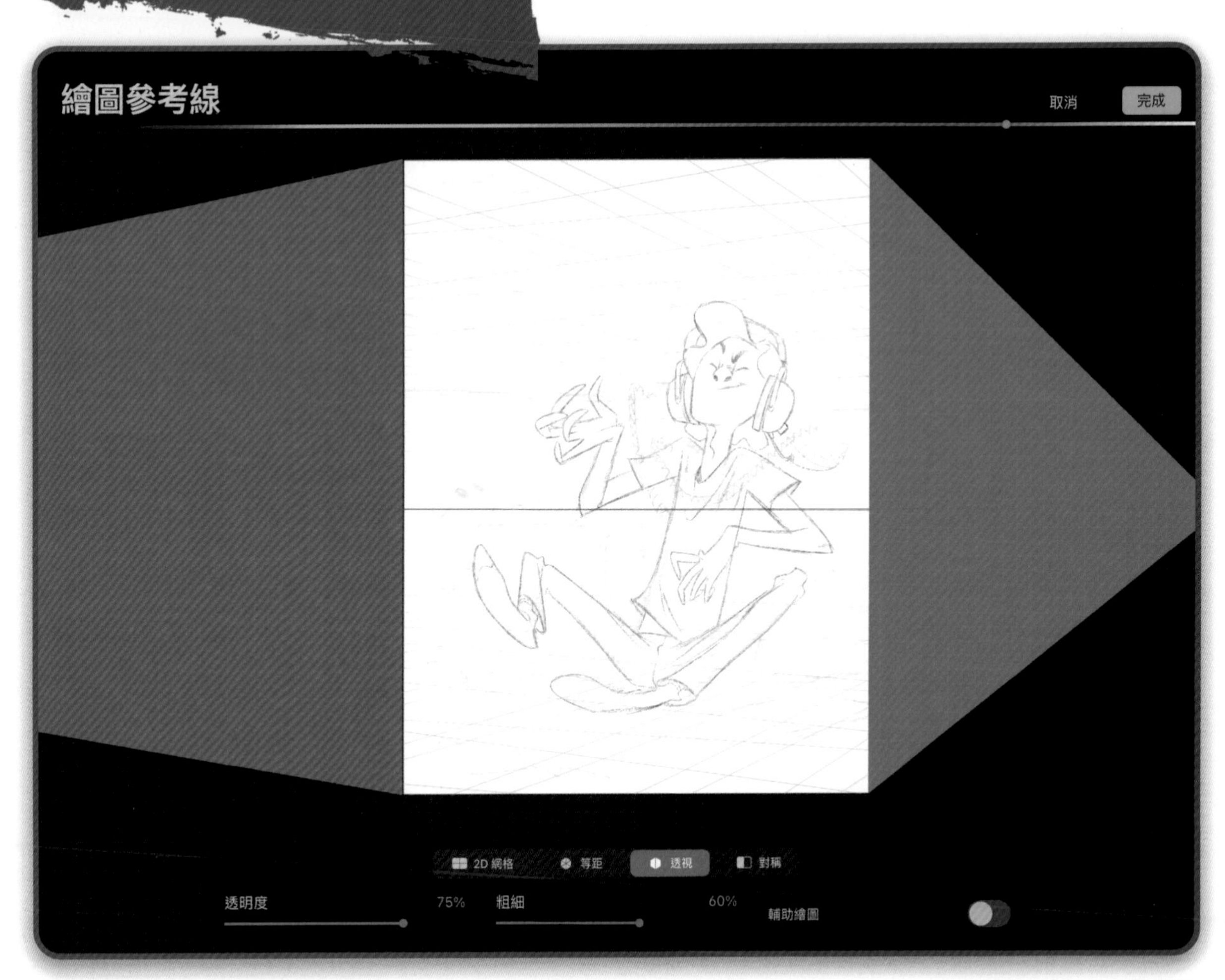


▲ 使用繪圖參考線設定兩點透視

## 07

建立新圖層來畫線稿。請一邊參考透視線一邊開始建構場景。替這個圖層開啟繪圖輔助功能，就可以在不用到尺的情況下將線條自動引導到消失點。畫面中有些圓形的元素，例如黑膠唱片或揚聲器，這時可以用快速繪圖形狀工具來畫，方法是先畫一個圓，並按住觸控筆，直到該圓形自動變圓（請參閱 p.36）。若你要畫一個正圓形，請在畫完圓時把觸控筆按在畫布上，同時用另一根手指去點一下畫布即可。

▲ 先用快速繪圖形狀工具畫出正圓形的黑膠唱片，然後用變形功能把它變形成符合透視的狀態

## 08

在畫揚聲器和地面上的唱片時，你可能會發現，只要開啟透視參考線和繪圖輔助功能，再搭配變形功能，就可以輕鬆地把物件變成有透視感的狀態。在變形物件的時候，只要按住角落的控制點，即可扭曲它們，讓它們更符合透視狀態。

畫好一個唱片之後，請點擊選取 > 徒手畫將它圈選起來，然後在畫布上用三根手指向下滑動，叫出拷貝 & 貼上選單，即可拷貝出新的唱片，繼續將它變形並移動到適當位置。畫完所有物件的線稿如右圖所示。

▶ 完成的線稿

## 09

線稿完成了，接著是正式的上色。為了呈現手繪的質感，你可能需要製作一套具手繪效果的自製筆刷。以下將示範如何製作出我設計的「MaxU Gouache Thick」筆刷，它是模擬不透明水彩厚塗的筆觸（讀者也可參考 p.208 直接下載此筆刷）。

要建立新筆刷時，請開啟筆刷庫，點擊右上方的「＋」鈕，即可進入筆刷工作室面板來編輯筆刷。請在面板左側切換到形狀頁次，在中間的形狀來源欄位按下編輯鈕，這裡就可以匯入自製的筆刷圖案，無論是照片或檔案皆可。你也可以開啟 Procreate 的來源照片庫匯入內建的形狀，有豐富的資源可以取用。

形狀來源 編輯

形狀行為

散佈 5%

旋轉 0%

計數 1

計數快速變換 無

▲ 在筆刷工作室裡可以編輯形狀來源和紋路來源，可匯入自製的圖檔

## 插畫家獨門秘技

建立筆刷是很實用的功能，你可以用這裡介紹的知識去做很多筆刷，最好的學習方法就是去實驗一下。在建立特定筆刷的過程裡，你可能會不知不覺設計出不少其他筆刷，即使這些新筆刷並不完全是你當初試著要創造的，但你還是要延伸出去、實驗並開發它們（如果筆刷感覺上是吸引人的）。在筆刷上向左滑動，即可複製它，並按照設定去進行調整與嘗試，直到它能製作出所需的效果為止。

## 10

繼續切換到紋路頁次，設定筆刷時，最實用的選項就是紋路 > 紋路行為 > 移動模式，設定成 100%（滾動）時，效果就像用鉛筆在紙上塗抹的粗糙紋路效果。如果把數值調低，則會沿著筆觸拉伸紋路，因此紋路會被拉長，創造出鬃毛般的效果。

移動模式的比例會決定紋路大小，而縮放則會決定筆刷尺寸的倍數。如果調到最大值，就是已裁切選項，意思是紋路大小與筆刷大小無關，無論筆刷尺寸多大，畫畫時都保持相同的紋路顆粒；若設定為最小值則是依照尺寸選項，則紋路顆粒會隨著筆刷尺寸縮放。在這兩個極端之間，你可以使用滑桿調整，設定符合需求的紋路大小。

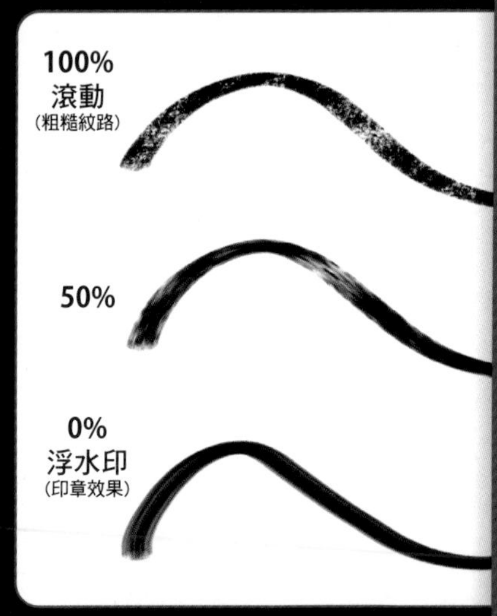


▲ 上圖是針對紋路行為 > 移動模式的設定說明

## 11

接著再將筆刷工作室面板切換到 Apple Pencil 頁次，上方的尺寸項目是在控制用力按壓觸控筆時，是否要影響筆觸的厚薄粗細程度並增大筆刷，這個設定在著墨或上漆類的筆刷上最明顯。另外，透明度項目是控制筆尖圖示的透明度，就像你在用噴槍類筆刷時，會出現的筆尖圖示。流這個項目就像調整顏料的流量，它會忽略細微的感壓，呈現出更粗黑、紋理更多的筆觸，可以利用這個特性打造出乾筆刷效果。關於以上項目，讀者都可以開啟我為本書特別設計的 MaxU Gouache Thick 筆刷，看看裡面的設定。

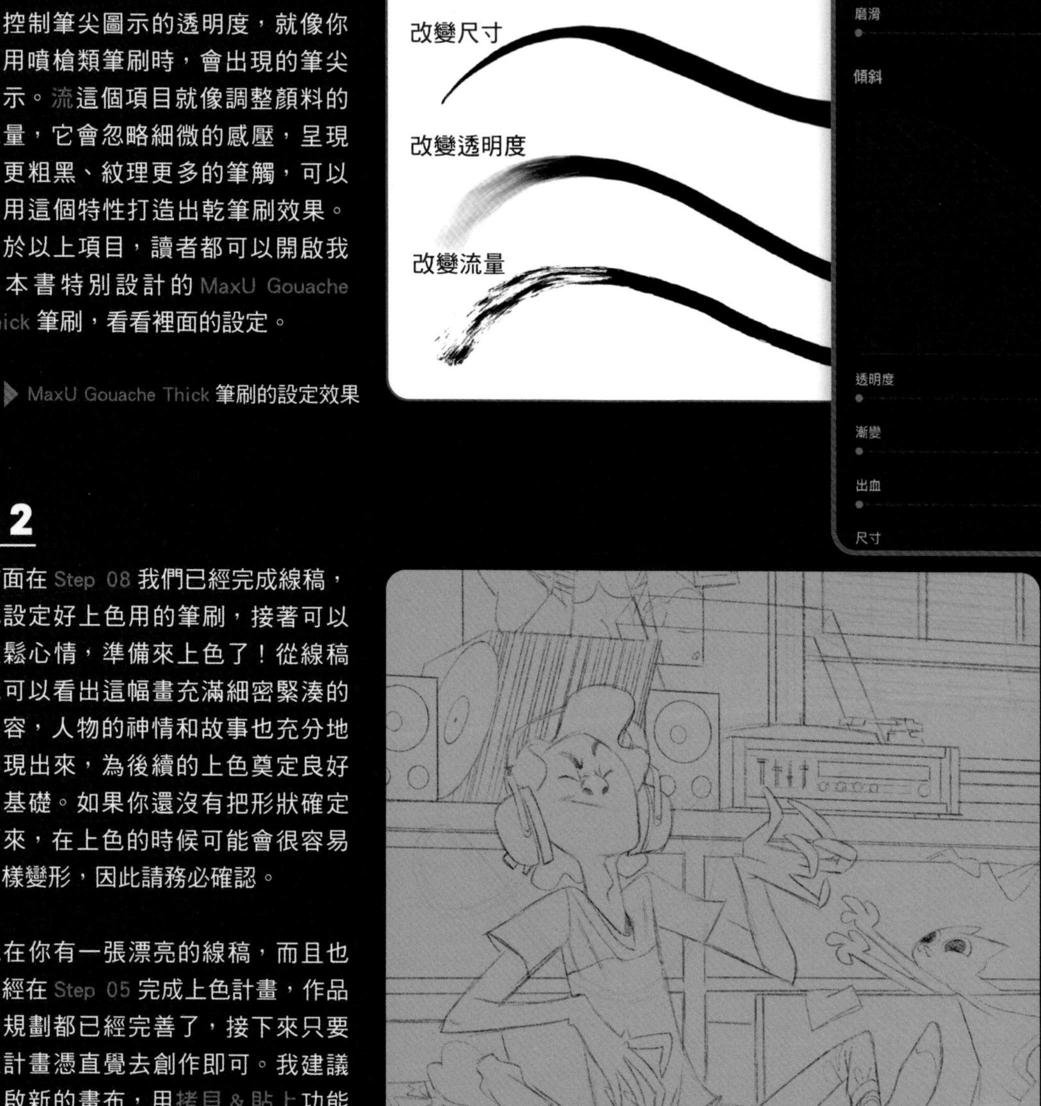


MaxU Gouache Thick 筆刷的設定效果

## 12

前面在 Step 08 我們已經完成線稿，也設定好上色用的筆刷，接著可以放鬆心情，準備來上色了！從線稿就可以看出這幅畫充滿細密緊湊的內容，人物的神情和故事也充分地展現出來，為後續的上色奠定良好的基礎。如果你還沒有把形狀確定下來，在上色的時候可能會很容易走樣變形，因此請務必確認。

現在你有一張漂亮的線稿，而且也已經在 Step 05 完成上色計畫，作品的規劃都已經完善了，接下來只要依計畫憑直覺去創作即可。我建議開啟新的畫布，用拷貝 & 貼上功能將前面規劃好的線稿、初步上色等重要圖層貼進來，然後繼續上色。

將新畫布的背景顏色設定為橘色，再貼上規劃色彩用的初步上色圖層，並將該圖縮小，當作上色的參考用圖

## 13

使用不透明媒材的傳統繪畫，經常需要先打底，以便遮蓋白色的畫布。這個專案我們也要使用這種技法，擬定作品的基調為橘色調之後，先打上底色，之後很快就能完成夕陽暖色光輝的氣氛。我還會加上一層畫布紋理，讓這幅畫更像手繪作品的質感。

請新增一個圖層，命名為底層上色，選用「MaxU Gouache Bristle Gritty」筆刷，這是我為本書特製的筆刷，是模擬不透明水彩的質感，並帶有粗糙的畫布紋理（下載資源有提供這個筆刷，請參考 p.208）。請如圖抹上從淺到深的橘色漸層色。

▶ 用 MaxU Gouache Bristle Gritty 筆刷塗抹出具有紋理的粗糙質感，這是在模仿傳統繪畫的打底步驟

## 14

建立一個彩繪上色圖層來做初步的上色。請參考縮圖，使用取色滴管從縮圖裡採樣顏色，然後用「MaxU Gouache Thick」筆刷塗抹。選一些中間色調的顏色來著色，這個階段不用畫得太精準，因為後續還會再細修。要描繪從窗戶射入的光線時，可在窗戶附近用暖色調塗抹，並在遠離窗戶的地方改用冷色調塗抹。這個階段的重點就是快速塗上主要的色彩，對於畫面中許多小型物件（房間裡的物品），可新增細節圖層來仔細描繪。即使有點雜亂，務必呈現出所有的重點細節。

▶ 替畫面染上中間色調，塗色不需太過精準，重點是要把意境呈現出來！

## 15

有些精緻的細節，建議用獨立圖層來處理，例如建立牆面海報圖層來製作牆上的海報。參考上色縮圖，會發現海報只被窗戶的光線照到一角，因此海報上呈現從暖色到冷色的漸層，而且要往窗戶方向逐漸模糊。此處的海報畫法是先從縮圖採樣顏色，將海報著色之後，再將混合模式改成色彩增值。

▲ 海報的畫法是，先從縮圖抽取出顏色來著色，再將混合模式改成色彩增值，即可讓海報和牆壁的色調完美融合

## 16

為了營造朦朧氣氛，要讓窗戶滲入橘色光線，造成朦朧的暖色霧氣。但這樣一來，有些細節會變得模糊不清。因此可以用遮罩或剪切遮罩將重點變清楚。以下介紹兩種方式。第一種方式，是建立暖色霧光圖層，將混合模式設定為濾色，然後畫上橘色霧氣，接著建立圖層遮罩，再比照 Step 03 描繪過的「舉手細節」圖層，把舉起的手、臉部、耳機線和貓的輪廓塗黑，即可剪裁出來。

另一種方式，是建立圖層後設定為濾色，再填滿黑色、畫上白色霧氣，然後用剪切遮罩畫出細節。重點在遮罩上方，要建立兩個調色用圖層，都要填滿橘色並設定為剪切遮罩，然後變更混合模式。下方圖層設定為覆蓋，可將灰色變暖；上方圖層設定為色彩增值，就能幫整個畫面著色。像這樣用圖層調色，運用時會更有彈性，暖色霧氣也更協調。

這裡我用兩種手法來處理暖色霧光，比對後會發現，使用下面這種方法的色彩會更鮮艷，而且方便調整

## 17

百葉窗和窗框是位於朦朧霧氣圖層的下方，因此它們也會籠罩在溫暖的光線裡。因此我在暖色霧光圖層的上方，還有建立發光窗戶圖層，來繪製從百葉窗透進來的黃色光。這是畫中最亮的區域，不會被暖色霧光影響。

畫發光窗戶圖層時，我有試著混用暖色和冷色，暗示外面還有天空與鄰近的地區，所以這個圖層必須在暖色霧光的上層，以免被暖色影響。畫百葉窗的線條時，盡量徒手描繪，線條不夠筆直也沒關係，這是為了打造出更接近手繪的感覺。

▲ 窗戶的光是畫在發光窗戶圖層，此圖層位於暖色霧光圖層上方

## 18

這裡運用一種配色方法，稱為同步對比 (Simultaneous Contrast)※，是把亮度相當的兩種顏色放在一起，可以烘托彼此，產生出充滿朝氣與活力的感覺。例如當暖色的底色和冷色的牆壁與地毯相鄰，會呈現出更活潑的視覺樂趣。我把這個手法活用在畫炙熱光源、反射光、人物的膚色等，窗戶的明亮黃色和藍色的室內也是互相對比。

要尋找亮度相當的顏色時，可以用取色滴管工具吸取你想要的顏色，再開啟顏色面板，切換到經典模式，調整色相、飽和度、亮度等項目，直到找出與這種亮度相配的顏色。

▲ 以窗戶的光來示範同步對比效果，使用顏色面板選出淡黃色與淡綠色來畫

※註：同步對比是指當看到一個顏色旁邊沒有互補色時，我們的眼睛會自動同步產生它的互補色，例如淺暗紅和淺暗黃相鄰時，暗黃色看起來更暗、更亮、更

## 19

若想提升插畫的故事性，就要善用插畫中的細節來說故事。例如貼在牆上的海報，如果只是隨意畫一個吉他手，會和這個故事沒有連結。

因此我將海報重新設計，讓吉他手與男孩用相同的姿勢彈吉他，這裡就暗示了海報主角是男孩的偶像，而且還是同好，都欣賞同一首歌。另外，我將吉他手畫成肌肉發達的樣子，男孩卻骨瘦如柴，這種對比可以再為故事添加張力。

▲ 利用細節來說故事，讓作品的背景故事更有深度

## 20

畫中的耳機線也有特別設計。這類物件要特別注意，細節不要太多，以免做過頭，我是選擇強調其手繪風格。先替**耳機線**圖層開啟**阿爾法鎖定**，縮圖裡呈現格紋可以提醒你已鎖定透明區域。然後替這個圖層加上遮罩，並且在遮罩的某些地方畫黑線和白線，讓耳機線上有手繪的斑駁筆觸。我還用筆刷在耳機線上面塗抹一些暖色和冷色的筆觸，利用不同顏色來區分耳機線的正面和陰影面。

◀ 把耳機線畫成充滿手繪風格的有趣細節

## 21

繼續把各部分的元素描繪清楚，你可隨時用**取色滴管採樣顏色來畫**，但是請注意，取色前務必關閉暖色霧光圖層，以免顏色被橘色影響。此外，使用的圖層愈多，管理起來就愈困難，因此你可以考慮將已經確認的圖層複製並扁平化（合併），然後在最上面建立細節圖層，描繪細部的結構。單獨處理細節，即使細節出錯，也還有修改的空間。

▲ 平面化你的圖層，然後在它們的上面建立一個細節圖層，開始把不起眼的地方繪製出來

## 22

在細節圖層做最後修飾時，重點是放在清理色塊邊緣，就是直接採樣各顏色，然後在這個圖層中把邊緣描繪清楚，不必再回到原圖層去畫。清理邊緣時，請注意筆刷尺寸不要縮得太小，如果線條太乾淨和銳利，會很容易失去手繪線條的樸拙感。如果你想讓作品更有手繪的溫度，就要讓筆觸更有情感。

▲ 描繪重點是視覺焦點的臉部

## 23

最後要加強的重要細節就是輪廓光與陰影，這種光影對比能吸引觀眾的目光，因此可營造視覺焦點。請在男孩的臉上描繪最暗的陰影以及最亮的輪廓光；同樣地，臉和手部也要同時具備陰影和輪廓光。至於主角以外的背景，就要降低對比度，減少細節，輪廓也不要畫得太精準。

◀ 輪廓光對構圖非常重要，它可以讓男孩和背景有所區隔

## 24

最後一個步驟，是繼續在各處添加裝飾圖案，這能讓作品更吸引人。我會多用冷色描繪，和暖色的底色形成互補。

為了加強冷暖色對比，我們再建立兩個圖層來加強冷色和暖色。首先建立色調覆蓋圖層，將混合模式設定為覆蓋，在左上角與右下角塗抹柔和的深藍色陰影；接著建立高光圖層，將混合模式設定為顏色變亮，使用 MaxU Gouache Bristle Gritty 筆刷，並用暖橘色描繪最亮的高光處周圍，強調背光的熱能量。

最後，要替整張圖加上一層雜訊，加強粗糙的質感。請建立雜訊圖層，填滿 50% 的灰色，並且把混合模式設定為覆蓋，然後使用調整 > 雜訊 > 圖層加上一些雜訊紋理。再來使用調整 > 高斯模糊 > 圖層，讓雜訊更模糊一點，並將雜訊圖層的透明度降低到 25%，效果會比較含蓄。若覺得不夠銳利，也可以將完稿稍微套用銳利化效果。等你覺得已調整完畢，即可匯出作品（參閱 p.18）。

▶ 最後加上裝飾圖案、高光和雜訊處理

# 插畫完稿

這是一幅內容複雜的作品，其中包含豐富的元素，重點是要強調它表達的故事，也就是要表現某位男孩正陶醉於某個讓他產生共鳴的時刻。現在，你應該已經能掌握並瞭解一些插畫的相關知識，明白如何活用 Procreate 的工具和技法，並且會一直在畫畫時，問自己「為什麼要這樣畫？」。此外你畫畫時還要去思考角色設計、顏色、光線和製作出來的特色，是否能和你的創作理念相輔相成？以上這些都是你可以思考的方向，它們可以讓你的作品更耐人尋味。現在起請自己決定，為你的作品找出明智的創作方向。

Final image © Max Ulichney

※註：百夫長（Centurion）是指可以指揮一百人的羅馬軍官，即羅馬軍隊的士官長，也是在指揮作戰成功時的關鍵角色。

# 太空船

**多明尼克・梅耶 (Dominik Mayer)**

這堂課會教你如何使用 Procreate 中的工具和預設的筆刷，打造出一幅充滿速度感的科幻風太空船插畫。若你是初學者，可在我們的引導下從零開始完成科幻風的藝術作品；若你已經是插畫創作者，也能透過這堂課發掘更多有趣的技法和訣竅。

這堂課會從建立新畫布開始做起，最特別的是會使用**對稱參考線**設計草稿。你將了解**圖層管理**的重要性及活用**圖層混合模式**的方法。除了學習技法，更重要的是跟著藝術家一步步學習如何設計構圖、從哪裡開始畫，一起打造出完整的作品。

課程中將會畫出一架小型太空船，背對著剛升起的朝陽，翱翔在染上金色陽光的風景中。我們將會示範如何打造出令人嘆為觀止的光線，以及如何創造動感和速度感。

這堂課所用的筆刷都是預設筆刷，作者會教你用簡單的方法，描繪出醒目且逼真的效果。例如在背景用較大筆刷塗抹色塊，而在機身則用較小筆刷仔細描繪，以產生強烈的對比度，使太空船更加清晰。

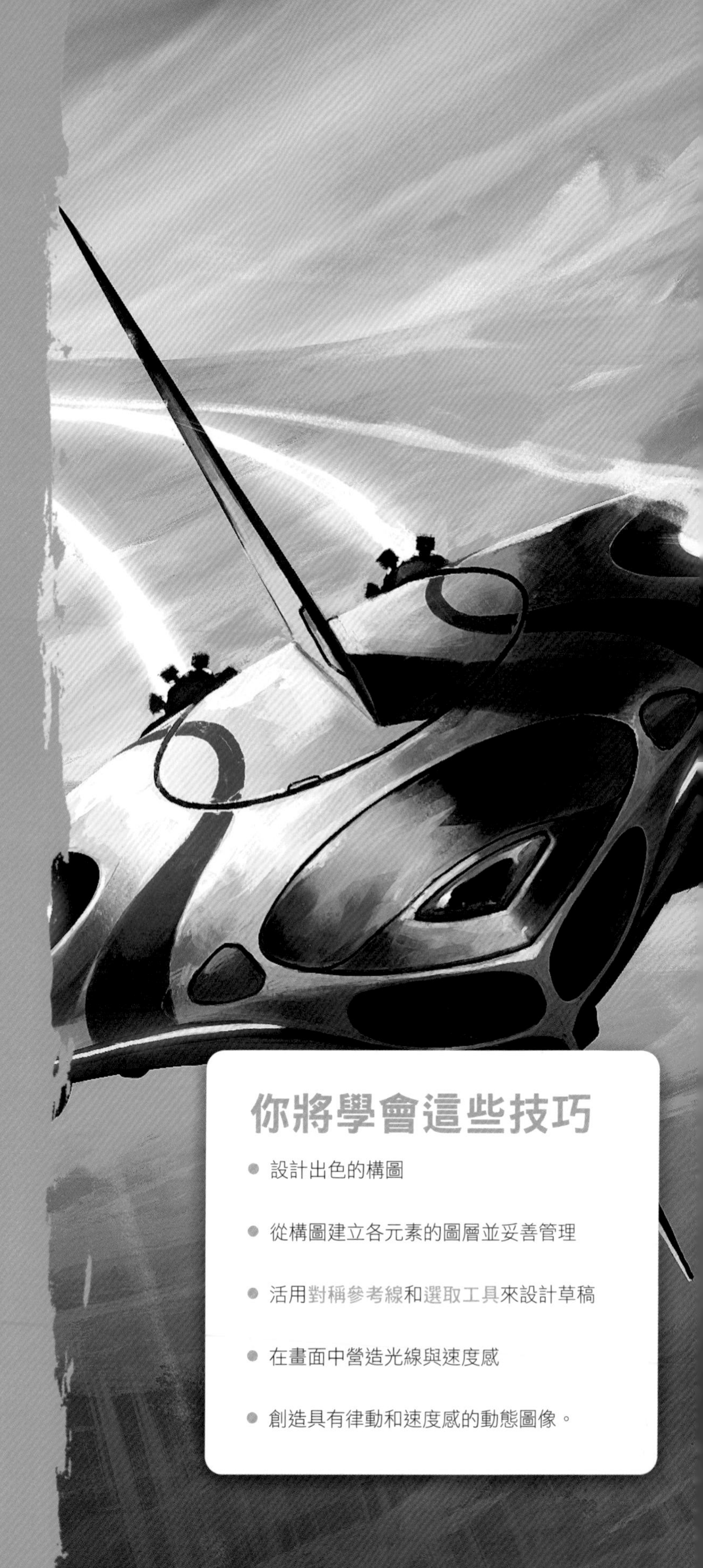

## 你將學會這些技巧

- 設計出色的構圖
- 從構圖建立各元素的圖層並妥善管理
- 活用對稱參考線和選取工具來設計草稿
- 在畫面中營造光線與速度感
- 創造具有律動和速度感的動態圖像。

插畫相關資源的下載方式
請參考 p.208

## 01

請建立新畫布，並且按新畫布面板右上角的鈕開啟自訂畫布視窗。請如圖設定尺寸為寬度 4,000px、高度 2,151px、並將 DPI（解析度）設定為 300。

▲ 自訂畫布視窗的設定內容

在設定的過程中，視窗下方的最多圖層項目會同步調整，檔案愈大，可建立的圖層數量就會越少。

## 02

發想創意是創作時最大的挑戰，若能事先準備大量的圖庫作為靈感和參考資料，會非常有幫助。你可以從藝術品或其他人拍攝的照片獲得靈感，也可以自己拍攝照片素材。

建議大家平常就準備好自己的圖像資料庫，儲存在你的 iPad 裡，這對設計和繪畫是很有幫助的。以本例來說，請瀏覽你的圖庫，找出有趣好玩的太空船設計靈感。如果沒有，也可以找找網路上的圖片。

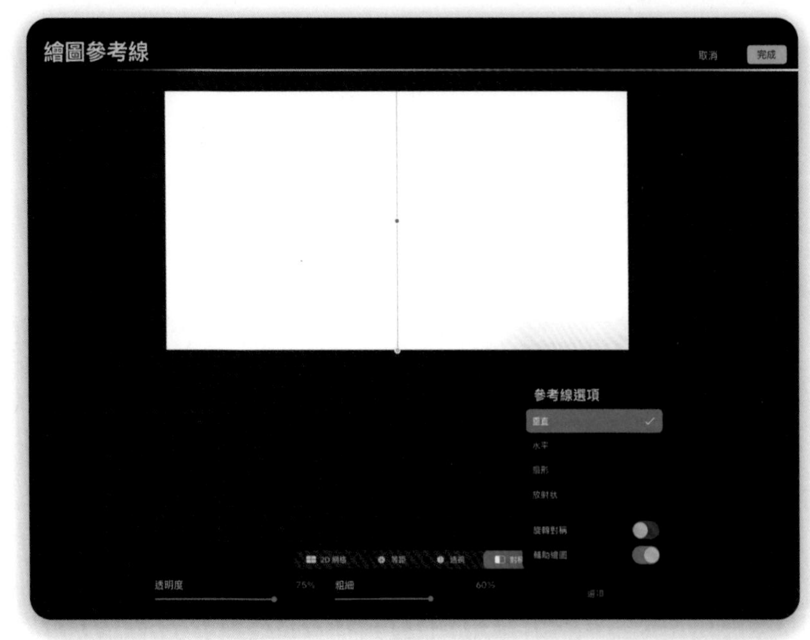


▲ 開啟繪圖參考線並設定為對稱 > 垂直模式

## 03

接著開始畫草圖，由於太空船大多是對稱的結構，可以用對稱參考線來輔助繪圖。請選擇操作 > 畫布，啟動繪圖參考線。然後再選擇編輯繪圖參考線，在下方的面板切換成對稱模式，並按選項鈕，點選垂直並開啟輔助繪圖。請按完成鈕回到畫布，接下來你所畫的內容，都會自動產生鏡射翻轉的圖像。

目前編輯的圖層名稱，下方會出現小字：使用輔助繪圖，表示已套用對稱效果。若要停用，請點擊圖層，取消繪圖輔助項目即可。善用這個功能，或許能畫出更多有趣的形狀。

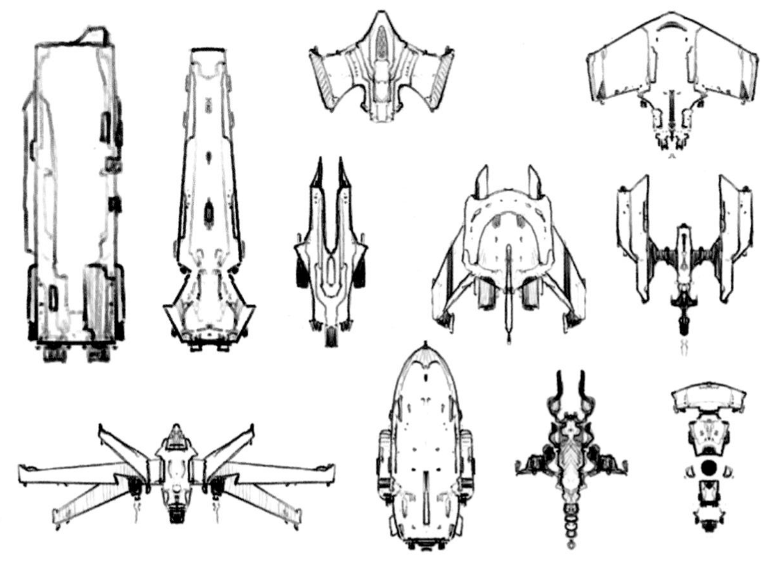

▲ 這些都是作者活用對稱參考線繪製的太空船草稿

## 04

我畫草稿時還常常用一個絕招，可快速打造出許多吸睛的造型，就是去畫大量的黑色剪影。任選出一種順手的筆刷，選擇黑色並將透明度設定為 100%，然後就開始隨意繪製剪影形狀。重點是嘗試想要的造型，不必描繪得太詳細，也可以試著用擦除工具來擦除邊緣或改造它們。

活用我介紹的這兩招（對稱功能和剪影）就可以畫出各式各樣的草圖。請多試試看畫出各種不同的形狀，然後從中挑出一個最棒的！

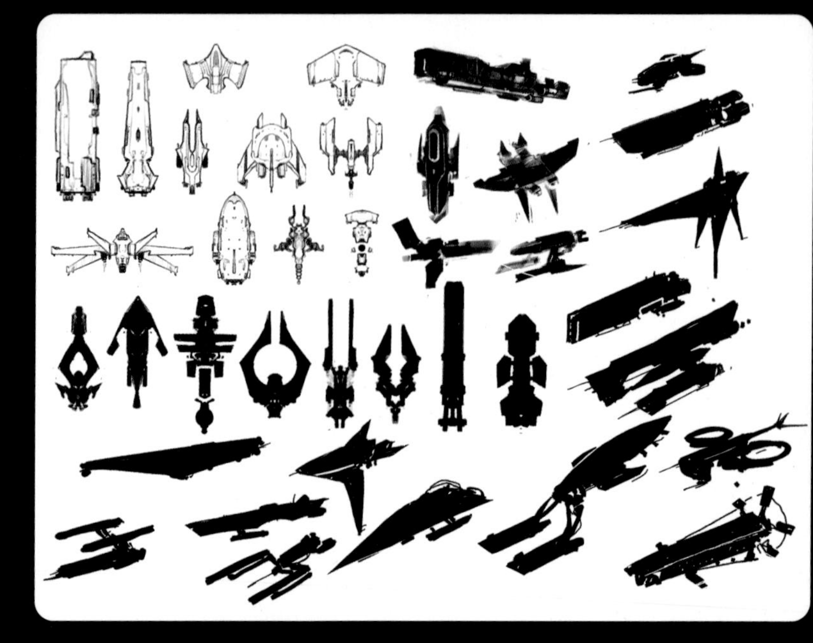

▶ 活用對稱功能和剪影，畫出各種太空船草圖

## 05

到此你對太空船的設計應該已經有很多想法，接著再思考要用什麼樣的場景來表現。例如，要思考構圖該用橫向還是直向，橫向構圖通常會在主角的側面加入吸引人或令人關注的內容，直向構圖則會往垂直方向去發展作品的主題和意義。

我認為橫向構圖的優點是能營造出更有電影畫面的感覺，非常適合畫大型物體或寬廣的景色；直向構圖則在需要顯示高度或是畫極度傾斜的地平線時用起來最順手。在這個專案中，我是選擇橫向構圖來發展。

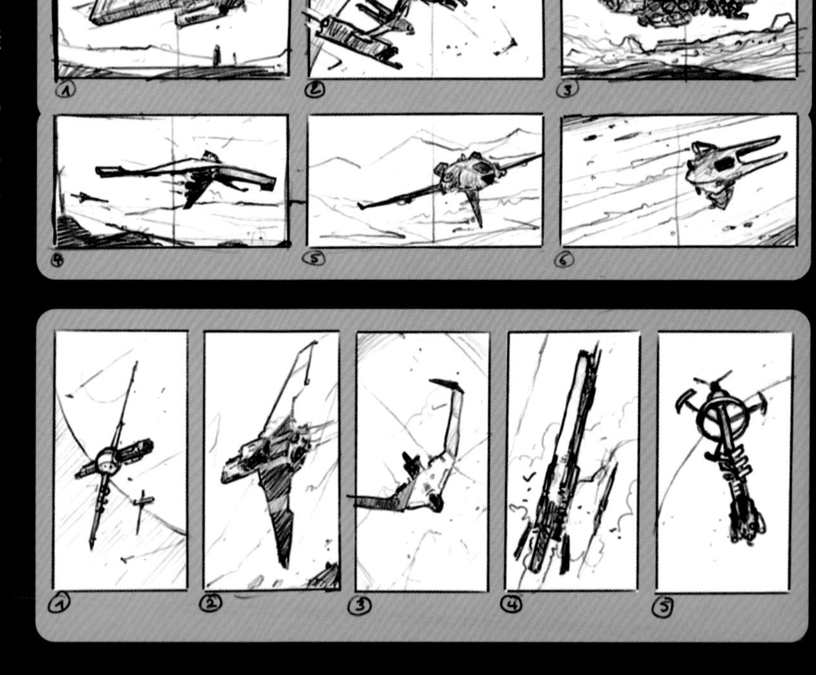

▶ 構思橫向構圖和直向構圖適合描繪的畫面

## 06

構思好構圖後，接著要開始描繪出更精緻的草稿，這時也要仔細思考太空船的設計細節。除此之外，也要想一想背景裡該畫什麼、該怎麼設計才能襯托這艘太空船。

我在 Step 5 畫了非常多縮圖，並從其中選出橫向構圖的縮圖 5。如果要呈現飛行時充滿動感的場景，我想傾斜的地平線就是最適合的背景，因為它打破了水平線的和諧氣氛，更能呈現出速度和動感。需要注意的是，我刻意從左下傾斜到右上，以傳達出積極的感覺，如果反過來則會變成有點消極的感覺。

▲ 完成太空船與傾斜地平線背景的草圖

## 07

草稿完成後，下一步就是分別建立幾個基本圖層。先建立一個新圖層，移動到草稿圖層下方。接著用選取工具選取太空船的形狀，請將面板切換成徒手畫模式，並且按下顏色填充鈕。接著就沿著太空船的外型描繪選取線。描繪完成後，按一下終點將線條閉合，就會以目前使用中的顏色填入選取的區域，然後將此圖層命名為太空船。請重複這個模式，可再建立地景等獨立圖層。

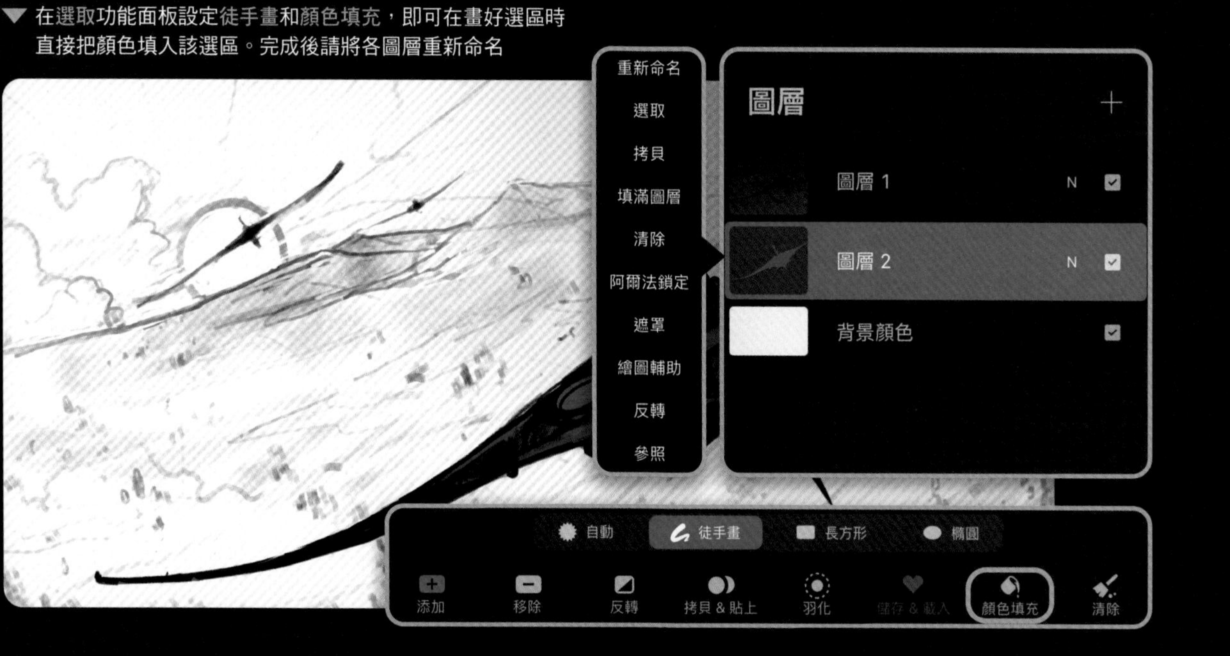


▼ 在選取功能面板設定徒手畫和顏色填充，即可在畫好選區時直接把顏色填入該選區。完成後請將各圖層重新命名

## 08

接著要描繪地平線上的太陽。這裡活用快速繪圖形狀工具，就能畫出完美的正圓（可參閱 p.36）。請建立太陽圖層，選用上漆 > 圓形筆刷，設定白色，然後畫一個閉合的圓圈，畫完時讓觸控筆在畫布上停幾秒，它就會自動轉成精準的橢圓形；再用另一根手指按住螢幕，就會變成正圓形（也可以按編輯形狀 > 圓形來設定成正圓形）。畫好之後，請將右上角的顏色拖曳到圓圈裡，即可填滿白色。

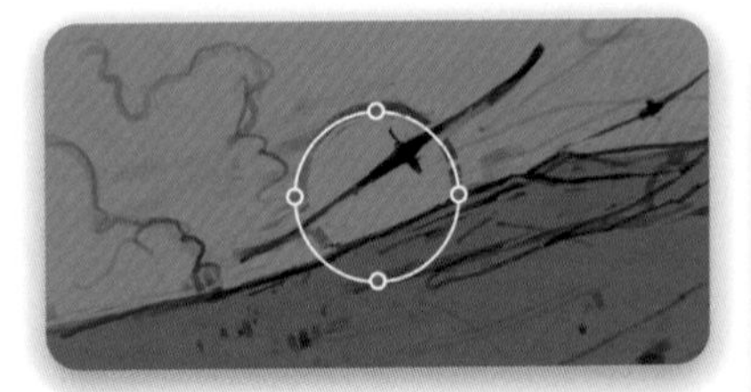

▲ 使用快速繪圖形狀工具畫出正圓形

▲ 將顏色拖曳到圓圈裡即可填色

▲ 目前的圖層結構

## 09

設定好基本的圖層結構後，我們要仔細描繪每一層的內容。請在每個基礎圖層上分別再建立新圖層，並且都設定成剪切遮罩。這樣一來，在這些剪切遮罩圖層所畫的內容，都不會超出基礎圖層的範圍。我們先替天空背景圖層建立剪切遮罩，然後用噴槍 > 軟筆刷，在天空底部塗抹明亮的藍色漸層，並將此遮罩命名為天空 底色。以同樣的方法，替地景圖層建立剪切遮罩，命名為地景 底色，塗上黃色和咖啡色，而山脈處則有隱隱約約的藍色漸層。至於太空船圖層則是塗上深灰色。

▼ 使用剪切遮罩替基本圖層上色

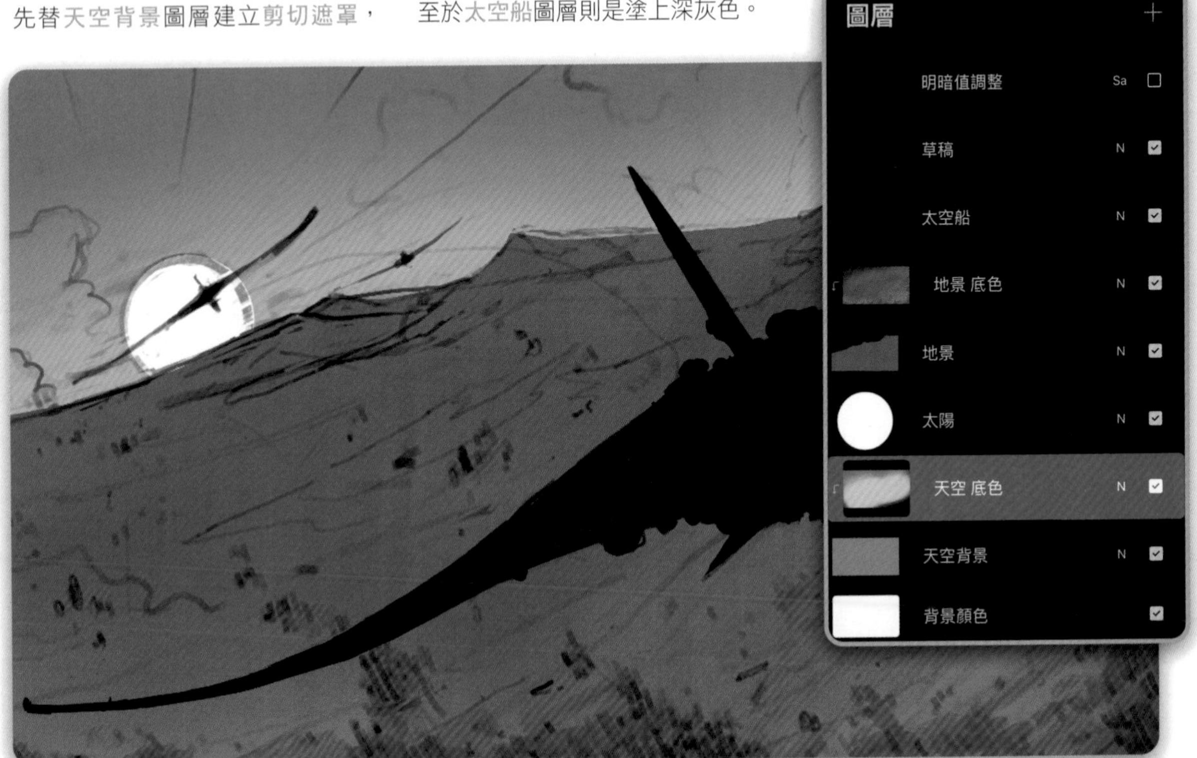

## 10

我畫畫時會隨時檢查明暗值，所謂的明暗值，就是從純白到灰色再到純黑的各色階亮度，我會隨時檢查是否符合規劃。以這幅畫來說，當元素在背景中距離較遠，該元素的最暗處應該比前景中類似元素的最暗處更亮，因為背景中的元素會比前景中的元素亮。我每畫一個段落就會檢查一下，方法是在所有圖層上面建立一個新圖層，填滿黑色，再將混合模式設定為飽和度（你會發現圖層名稱右側的 N 字變成了 Sa）。設定後就可以快速檢查整幅畫的明暗值，你可以依此調整各圖層的色彩，調整好後，即可將此圖層隱藏或是刪除。

▼ 建立明暗值調整圖層來檢查

### 插畫家獨門秘技

到此已經建立出一組結構嚴謹的分層底稿，我們會在這個結構上繼續發展這幅畫，你應該已經能預想要從哪些圖層繼續畫下去。我們在畫畫時，投入最多時間的就是建立這種分層的基礎底稿，雖然麻煩，但是此基礎非常重要。

如果分層基礎沒有做好，你可能會在認真畫好幾個小時之後，才發現有些地方沒處理好，但是卻沒有獨立圖層可修改，那肯定是晴天霹靂啊！

## 11

前面已經畫了太陽，我們接下來要替它畫上光芒，並且活用混合模式完成發光的效果。請先建立「陽光01」圖層，選用上漆 > 圓形筆刷，在太陽周圍畫模糊的橘色三角形，三角形的長邊必須與地平線對齊。請將「陽光 01」的混合模式設定為實光，並設定透明度為 40%。

接下來，再建立「陽光 02」圖層，畫一個比太陽稍大一點的模糊橘色圓形，並將混合模式設定為添加、透明度設定為 50%。

然後再建立「陽光 03」圖層，這次用較深的橘色畫一個比太陽稍大的模糊圓形，將混合模式設定為添加並將透明度設定為 53%。完成三組光芒設定後，你可以依需求啟用或停用不同強度的太陽光芒。完成後請將這三個圖層選起來，組成陽光群組。接著可暫時隱藏陽光群組，因為我們要繼續畫背景。

▲ 建立陽光 01 和陽光 02 圖層

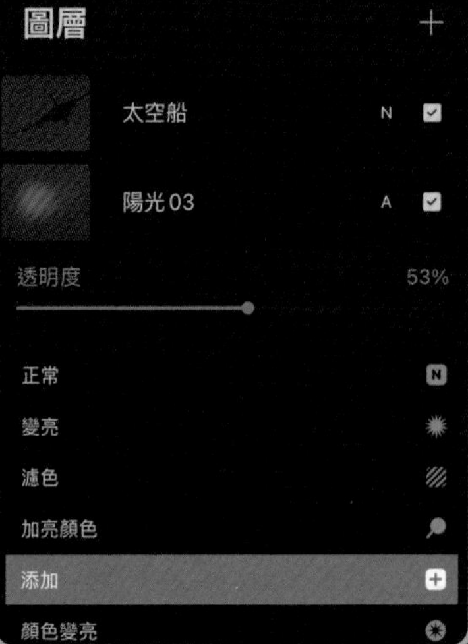


▲ 再建立陽光 03 圖層

▼ 選取其中一個陽光圖層，再於其他兩個圖層向右滑，即可同時選取

▼ 把所有陽光圖層組成群組，並且重新命名為陽光群組

## 12

下一步是在天空中畫上雲彩。我先用上漆 > 濕丙烯顏料筆刷，在天空背景圖層中塗抹一些深藍色和橘色的斑點。接著點選塗抹工具，設定上漆 > 油畫顏料筆刷，然後將斑點往水平方向抹開，創造混色的筆觸。你可以再隨意塗抹，然後再次抹開，直到滿意為止。

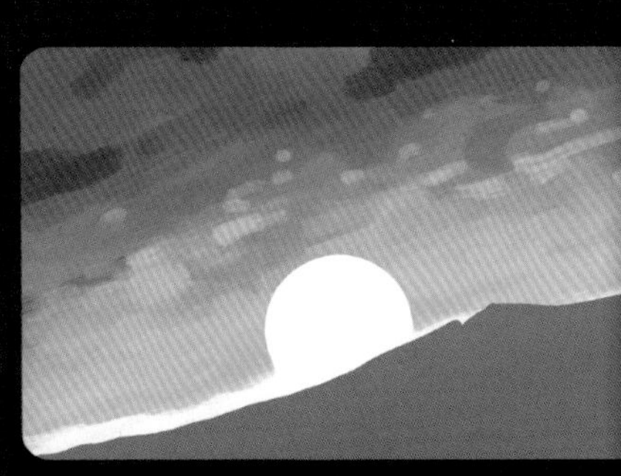

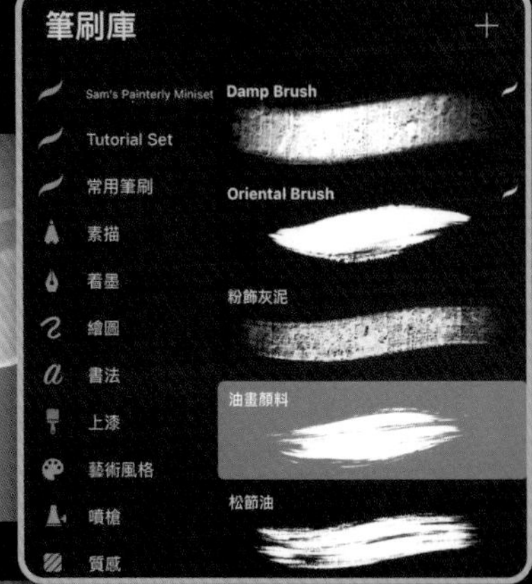


▶ 先畫一些斑點

▶ 使用塗抹工具將斑點抹開並混合在一起

## 13

接著也替地景圖層添加一些細節。請在地景 底色圖層的上面再建立一個新圖層，將它設定為剪切遮罩，然後用上漆 > 濕丙烯顏料筆刷，在面對太陽的山脈之側面，塗上一層鮮豔的黃色和咖啡色，你可以使用取色滴管工具吸取顏色來用，筆觸要如圖往特定方向塗抹。

接下來，在第一個筆觸旁邊同樣用取色滴管工具吸取顏色，然後要往相反的方向，稍微將觸控筆傾斜成不同角度後，畫另一個筆觸，要疊在第一個筆觸上面。我用這種技法，形成類似三角形的筆觸，可以畫出漂亮的大面積色塊筆觸，模擬手繪的表現方式。你可以活用這種筆觸來描繪大面積的風景畫。

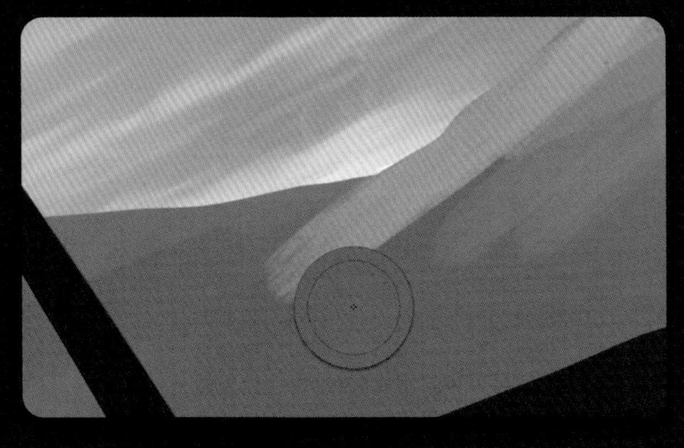

◀ 先畫一個筆觸，然後吸取附近的顏色

◀ 畫第二個筆觸，要與第一個筆觸形成稍微交錯的角度

## 14

選擇上漆 > 油畫顏料筆刷，並使用相同的繪畫技法（我在上個步驟裡已經描述過），替地景加上更多細節和色彩。例如地面上的小樹叢，我是用上漆 > 松節油和上漆 >Oriental Brush 這兩種預設筆刷，朝著地平線延伸出去，讓樹木越遠顯得越小，就能表現出景深效果。另外在陰影區域，例如背對太陽的樹木下方和山脈兩側等處，則要加一些冷色。

▲ 使用油畫顏料筆刷描繪更多細節

▲ 簡單描繪一些小樹叢

▲ 加入更多樹叢

▲ 在被陰影掩蓋的樹木下方和山邊增加冷色的陰影

## 15

接下來我們要畫出一條河。先建立一個河流圖層，然後用選取工具，設定徒手畫和顏色填充模式，然後在想要的位置描繪出該河流蜿蜒的蛇形，當你把路徑起點和終點連接起來時，就會填滿目前設定的顏色。你也可以改選更亮眼的淡黃色來替這個選區上色。

上色後，請替河流圖層開啟阿爾法鎖定，設定後，就鎖定了所有透明的像素，讓這個圖層只能在河流的範圍內上色。你可以繼續在河流上塗抹白色和黃色的漸層色，讓河流看起來更亮，反射日出的光芒。

◀ 描繪選區時要思考河流的流向

▶ 將選取的河流區域填滿顏色

## 16

背景即將完成，這時候該把太空船仔細畫出來了。請將草稿圖層設定為剪切遮罩，位置要放在本專案剛開始時建立的太空船圖層之上，並把透明度設定為 20%，這樣就可以透出一些下層的內容。請建立一個新圖層，用快速繪圖形狀工具畫上兩個圓形渦輪機，方法是先徒手畫圓形，畫完時讓觸控筆在螢幕上面停幾秒，即可變成橢圓形（請參閱 p.36）。採用相同方法，可繼續畫出太空船上半截的機殼。替機殼圖層開啟阿爾法鎖定，然後使用上漆 > 圓形筆刷畫一些陰影（請想像陽光的方向，會更能理解陰影的位置）。接著請使用上漆 > 尼科滾動筆刷，為太空船畫上更多細節。

▲ 使用快速繪圖形狀工具來描繪出清楚明確的線條

▲ 利用上漆 > 圓形筆刷塗上陰影

▲ 使用尼科滾動筆刷繼續畫上細部的結構和材質

## 17

多用一些顏色，替這艘太空船添加吸引人的細節。先建立一個新圖層將混合模式設定為色彩增值，接著使用鮮紅色，在機身上如圖描繪出醒目的圖案。

剛開始畫時，可以只用筆觸簡單地勾勒看看效果，等你畫出覺得適合的圖樣，就把它修飾得更加美觀。接著繼續修飾整艘太空船，將上方機殼與下半部連接起來，並在機翼的前方邊緣添加一條反光線。

▲ 多用一點顏色，在視覺上展現出更多迷人的細節

▲ 幫太空船加上更多細節並加以修飾，增添它的美感

## 18

目前的太空船缺乏動感和速度感，看起來像是靜止。為了改善此問題，我們要在太空船後面加上它留下的白色路徑，顯示出太空船是從哪裡飛來的、正在朝向觀眾飛來。此外我們還會加上一些速度線，也就是在運動中的物體周圍添加線條，以增強動作感，是種很好用的效果。

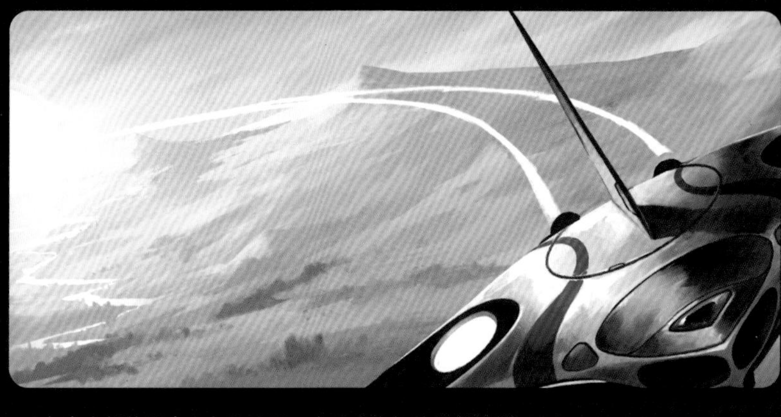

▲ 在太空船後面畫白色的路徑，表示太空船的飛行路徑

先重新組織圖層，請重新顯示陽光群組並選取所有圖層，將它們組成一組，複製這個群組，然後扁平化。這樣就能擁有一個包含所有內容的平面化圖層，而分層內容都保存在下面的備份群組中。接著利用塗抹工具，設定上漆 > 油畫顏料筆刷，然後順著太空船移動的方向，如圖輕輕塗抹出速度線。另外，切換回筆刷工具，用噴槍 > 軟筆刷在背景中畫一些其他的太空船。

▲ 用塗抹工具塗抹出速度線

▲ 依太空船航行的方向塗抹更多速度線

## 19

接著要替太空船加上發光的效果。建立一個新圖層，命名為藍光圖層，然後使用噴槍 > 軟筆刷，顏色設定為亮藍色，畫在需要發光的部分，例如太空船後方的飛行路徑、圓形渦輪機和機翼邊緣的反光線。畫好後請將混合模式設定為濾色，就會變成炫目的藍色光芒。

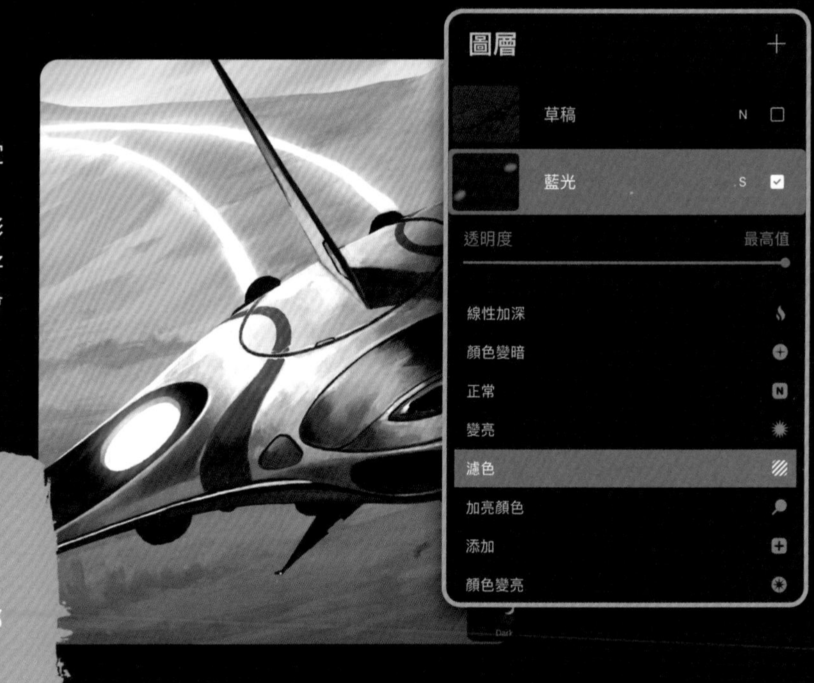


### 插畫家獨門秘技

如果你怎麼畫都不滿意，先不要放棄！畫畫這門技藝需要長時間勤練的累積，初學者剛起步時畫不出藝術鉅作，那真的是很正常的事。請你要有耐心，然後再重新開始，練習一段時間後，想必你會因為勤練而看到豐碩成果！

## 20

接著要調整整幅畫的色調。為了將色調套用到整幅畫，同樣要將所有內容合併成同一個圖層。選取所有圖層和全部的群組，組成新群組後，複製該群組，然後扁平化。接著請選取調整 > 色彩平衡 > 圖層，如圖切換到中間調，然後增加品紅色的比例。

▲ 使用色彩平衡功能來調整色調

▼ 為圖像添加最後修整和潤飾，會有畫龍點睛的效果！

## 21

最後做點修飾，建立完稿細節圖層，補上更多細節，例如太空船渦輪機發射的煙霧和更多速度線。如果對結果滿意，請選取所有圖層，組成群組，複製群組並扁平化。接著請選取調整 > 銳利化 > 圖層，替這個合併的圖層加上銳利化效果，強度請設定為 80%左右。

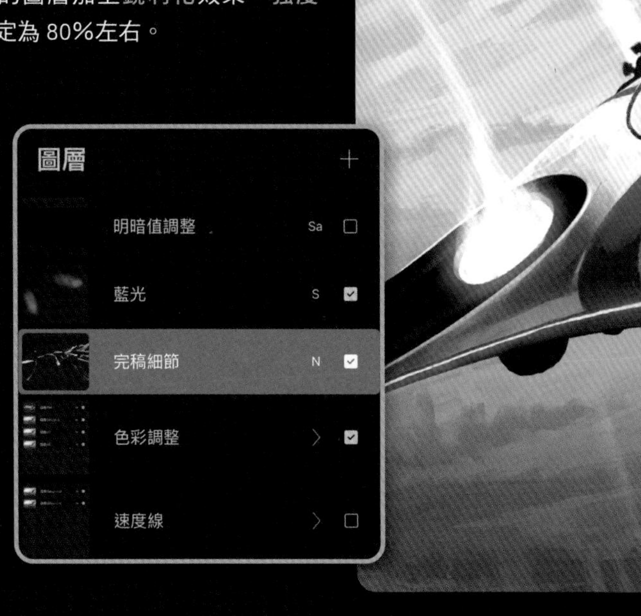

## 22

作品終於完成了，現在你可以把它匯出，和全世界的人分享囉（匯出方式請參閱 p.18）。

# 插畫完稿

透過這個專案，作者分享了許多寶貴的繪圖建議，他不只提到他如何使用 Procreate，而且還解釋了他平常創作數位插畫作品的流程。當你在練習時，可依照每個步驟的說明來練習，作為你將來的作品基礎，但不必太拘泥於規則。你要自己試用 Procreate，才知道它能如何幫助你創作。發現驚喜也是創作過程中很重要的一環，所以別害怕冒險，而且要樂於嘗試。要試著自己做點什麼，推動故事情節發展，讓作品全速動起來。

Final image © Dominik Mayer

作品名稱：Knight（武士）

# 戶外寫生

西蒙妮・格呂內瓦爾德
(Simone Grünewald)

在 iPad 上使用 Procreate 畫畫，最大的優點是可以把 iPad 當作隨身攜帶的數位繪圖板，你可以在任何地方把吸引你的人事物畫下來。你只要從包包裡拿出 iPad，就可以開始在戶外寫生了，這比扛著一大堆美術用具輕鬆多了。不過在寫生時仍要考慮一些條件，例如要慎選可以長時間坐著畫素描的好地點。

這堂課將會示範如何只用一種筆刷（是修改過的 Procreate 預設筆刷），就能完成戶外寫生作品，包括描繪該地點的草稿，並且用畫筆去捕捉陽光普照的優美戶外景致。

這堂課的重點就是活用筆刷，作者將運用靈活多變的筆觸，現場記錄這個有陽光露臉的美麗場景。此外還會活用五花八門的圖層混合模式與調整功能，將作品變得更有質感，你會發現原來用 Procreate 創作如此簡單。在示範的過程中，作者還會展示一些獨家技法，讓你創造出更鮮豔生動的色彩，當你需要畫大量綠色植物時，將會特別實用。

PAGE 208

插畫相關資源的下載方式
請參考 p.208

## 你將學會這些技巧

- 將預設筆刷修改成想要的效果
- 活用圖層混合模式
- 活用剪切遮罩
- 活用阿爾法鎖定功能
- 在圖層遮罩裡畫畫

## 01

在戶外畫畫時，適當的穿著很重要，因為你可能會長時間在某處坐著。在這種情況下，我會建議隨身帶個泡棉坐墊，這種坐墊攜帶很方便。帶個小型折疊椅或許會更舒適，請依你要寫生的環境來選擇。

寫生的第一步就是選擇取景地點。有幾個重點要注意，首先是要注意安全，不要坐在道路中央；另外要確保手上的 iPad 不會被陽光直射，因為當陽光照在 iPad 上時，會很難辨識自己正在畫的內容。

▶ 在戶外畫畫時，這種泡綿坐墊很實用

## 02

以下要進行的戶外寫生，我全都是用同一種筆刷，這是用 Procreate 內建的 HB 鉛筆筆刷修改而成的，你可以在筆刷庫 > 素描頁次找到它。由於 HB 鉛筆筆刷預設的尺寸很小，不容易塗抹，因此我有事先修改。

修改的方式是先將內建的素描 >HB 鉛筆筆刷複製一份，然後點擊筆刷縮圖，即可進入筆刷工作室面板來修改設定。請如圖切換到屬性頁次，將最大尺寸調整為約 140%左右，該筆刷就會變粗了。

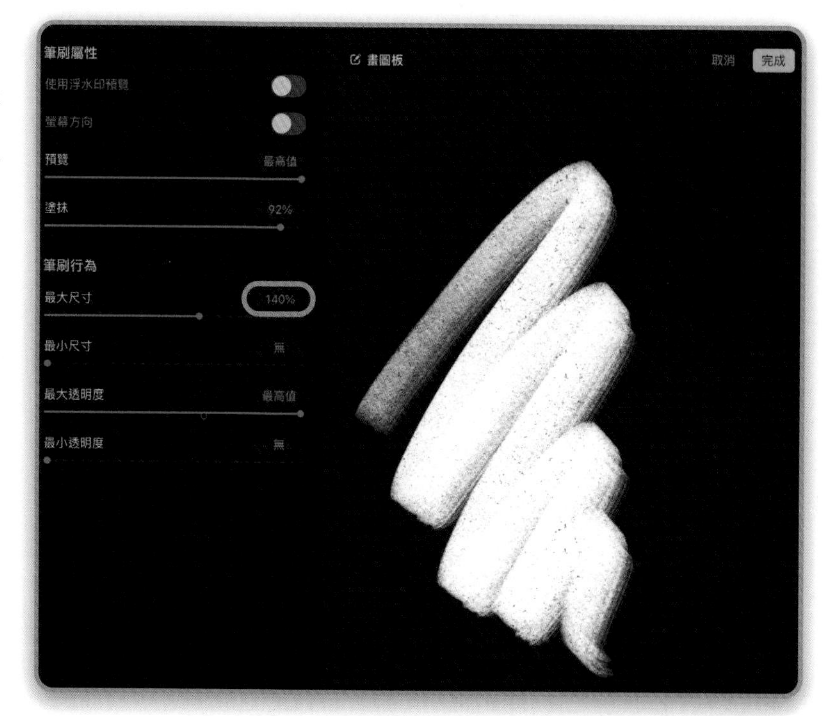


▲ 將 HB 鉛筆筆刷如圖修改，即可改造成具有精緻紋理的全能筆刷

## 03

認真觀察和研究你選的寫生地點，尋找值得入畫的理想景色。你可以用雙手比劃成一個方形的取景框，透過這個取景框來觀察四周，直到你找到一個框起來很好看的場景。

決定場景後就可以開始畫了。請從透視線開始，簡單畫幾筆，先快速畫出第一個草稿。既然是數位創作，畫出來之後都可以隨時修改。

▲ 確認場景後畫出大概的草稿

## 04

你可以選取和移動畫布上的元素來重新構圖。請用選取 > 徒手畫功能圈選某個部分，再點擊變形工具來編輯它，你也可以直接將選取內容拖曳到其他位置。除了移動之外，還可以用各種方式編輯它，例如用變形面板中的水平翻轉或翹曲來做進一步的變形。

在畫畫的初期階段，最重要的就是調整構圖。要確保各元素的平衡和距離，但是也要注意別讓間距太過規律，以免構圖變得生硬。建議讓畫面的視覺焦點稍微偏離中心點，不要把焦點擺在畫面正中央，構圖就會變得更加精彩有趣。

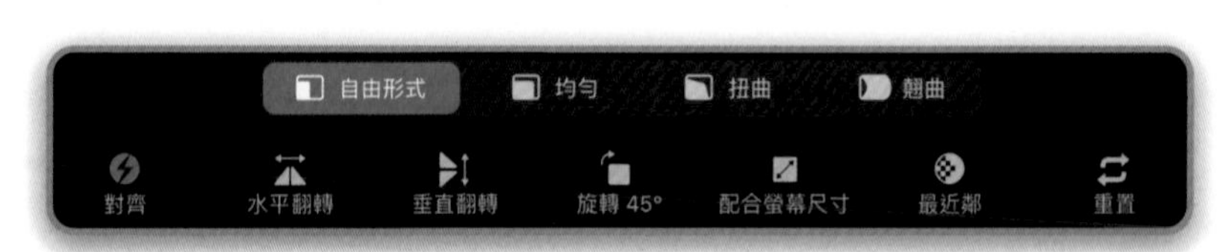


▲ 活用變形功能來編輯草稿的構圖

## 05

大致畫好簡略的草稿後，開始改善與美化草稿，你可以畫出更多細節、布局光影區域。在這個階段，如果在畫布上塗抹一些大面積的色塊或是透視線，應該會很有效率，例如我就用這個方式安排通往視覺中心（小橋）的路徑。

在草稿階段不用擔心畫面太混亂，因為以後不需要再用到這個草稿。重點是要活用目前的構圖，接下來將它發展成畫作。

▶ 把簡略的草稿繼續修飾和美化

## 06

我們用 Procreate 畫畫時，預設是在背景圖層上新增「圖層 1」來畫，請將它重新命名為草稿圖層，接著將草稿圖層的混合模式改成色彩增值。這是最基本的混合模式，可讓該圖層的所有內容和位於下方的圖層完美融合。

▼ 色彩增值可說是數位繪畫中最常用也最重要的圖層混合模式

圖層
草稿 M
透明度 最高值
色彩增值
變暗
加深顏色
線性加深
顏色變暗
背景顏色

## 07

在開始上色之前，我還要變更背景圖層的顏色。在這個戶外的場景中，大部分的景物都是綠色的，因此我建議將背景改成紅色，也就是綠色的互補色。把背景色設定為紅色後，紅色會提升這幅畫的視覺強度，讓畫面會顯得暖洋洋的，同時還能將綠色襯托得更加鮮亮。要變更背景的顏色時，請點擊背景顏色圖層，即可叫出背景的顏色設定面板。

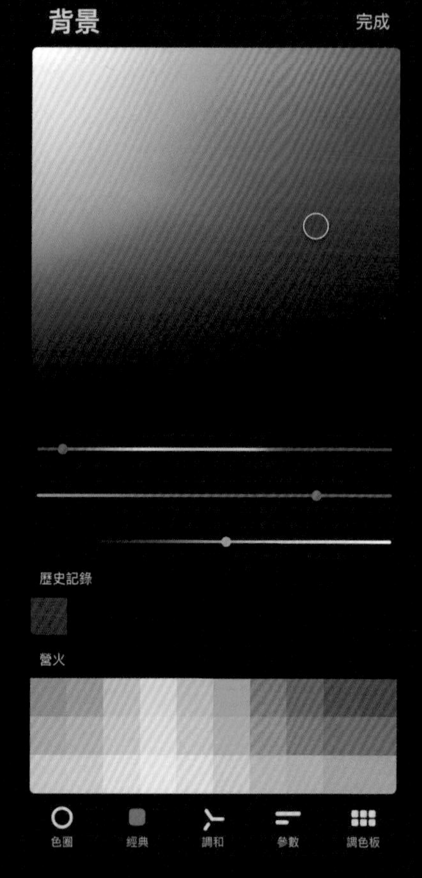


▼ 將背景顏色改成紅色，之後堆疊的綠色會被襯托得更加鮮亮

## 08

請在草稿圖層的下方建立新圖層，我們要先畫一個上色用草稿，這是用來規劃整幅畫的配色。先規劃好，才不會等到畫完一半時，突然覺得不喜歡自己所選的配色。

上色用草稿只需簡略塗抹大色塊，請將筆刷尺寸調大再畫，以免畫得太過詳細。我通常會畫好幾個版本的上色用草稿，直到我對配色感到滿意為止，這也可以幫助我們看出整幅畫適合的色調。

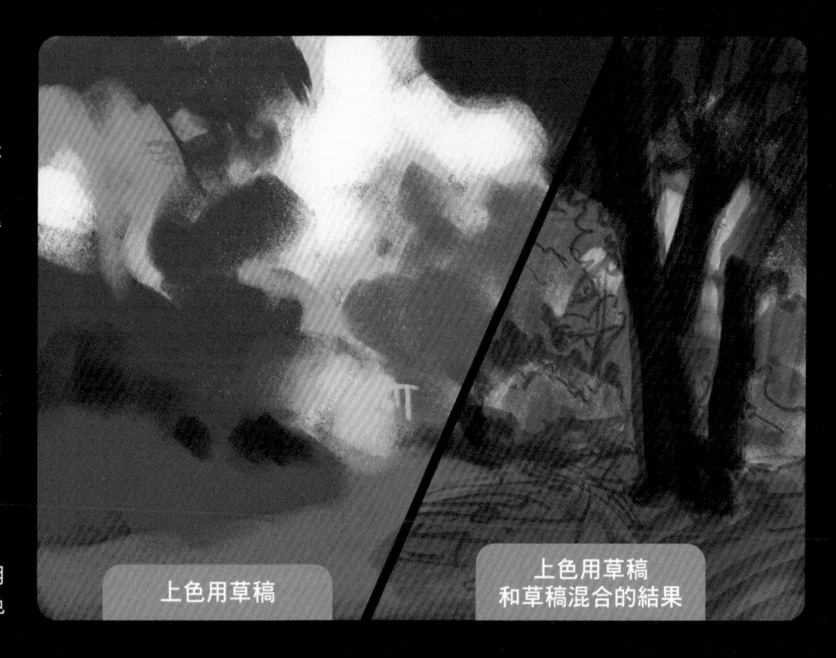


▶ 塗抹大色塊當作上色用草稿，規劃整體的配色

## 09

做好色彩規劃、確認要用哪些顏色之後，我們要將整個場景分為前景和後景來處理。在上色用草稿所在的圖層（本例為圖層 2），要先畫出後景的內容，例如遠處的樹叢等。

我們將從後景開始畫，然後一層層地畫上前面的景物，這樣可以確保每一層的顏色正確。由於這個場景是背光的，光線從樹林深處透出來，因此在畫後景時，要使用整幅畫中最明亮而且最飽和的顏色。請記住，你隨時可關閉草稿圖層，以便不受干擾地檢查顏色。

▲ 從最後面的景物開始畫，使用明亮飽和的顏色

## 10

在圖層 2 畫完背景的景物後，接著分別建立新圖層來畫。我要將林立的樹木分層描繪，右邊的大樹稱為前樹枝，而左邊被遮住的樹木則是後樹枝。我先建立後樹枝圖層來畫，為了打造層次感，可在畫出樹木後用選取工具圈選、按拷貝＆貼上鈕，即可將內容貼到新圖層（該圖層會自動命名為從選取範圍）。完成之後再建立前樹枝圖層來畫右邊的大樹。

將樹木畫在專屬的圖層，未來調整時會更輕鬆，例如可以擦除樹木的某部分，不必擔心破壞其他元素。但也不必替每個物體都建立圖層，那樣會顯得很凌亂。原則上，只有需獨立處理、不可和其他元素重疊的元素，才需要建立專屬的圖層。

▶ 將重疊的樹木畫在專屬的圖層，編輯時會很方便，也能把形狀畫得更清楚

## 11

前面在圖層 2 畫的是最遠處的背景樹叢，接著要慢慢加上前方每一層的植物。請新增背景植物 1 圖層，畫上多種綠色植物。建議將觸控筆傾斜塗抹，我們自訂的 HB 鉛筆筆觸將會變得粗糙且帶有顆粒質感。

請畫出深淺不一的綠色植物，並且造型也要有變化。不同的樹有不同的綠色，即使是同一棵樹，它身上各處的綠色也可能會有差異。例如當樹葉反射天空的藍色時，會稍微偏藍；而當陽光穿透樹葉時，葉子就會披上閃亮的外衣，而且顏色會更接近黃色。

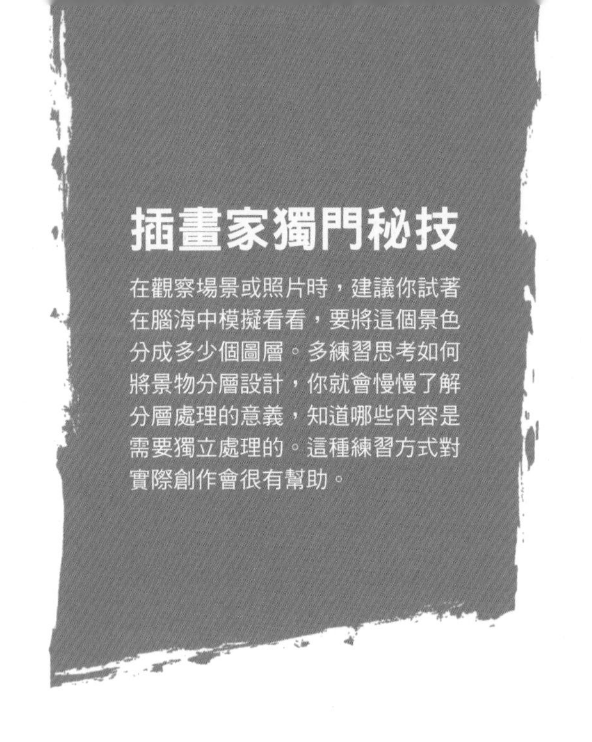

### 插畫家獨門秘技

在觀察場景或照片時，建議你試著在腦海中模擬看看，要將這個景色分成多少個圖層。多練習思考如何將景物分層設計，你就會慢慢了解分層處理的意義，知道哪些內容是需要獨立處理的。這種練習方式對實際創作會很有幫助。

▲ 建議將觸控筆傾斜塗抹，可以用更粗且帶有顆粒感的筆觸來描繪綠色植物

## 12

為了讓樹葉的顏色更有變化，並且要讓樹木越往外側色彩愈亮，我們再建立背景植物 2 圖層，繼續畫出更多樹葉，特別是畫面右側和上方。這裡還是用相同的筆刷來畫，難免看起來會和前面畫過的樹葉很像。這時有個技巧可以製造變化，就是先畫好一層樹葉之後，替這個圖層開啟阿爾法鎖定。

▲ 先塗一層顏色，然後開啟阿爾法鎖定，即可在既有的顏色上繼續修飾

## 13

替圖層開啟阿爾法鎖定之後，它會鎖住該圖層的透明區域，讓你只能在該圖層已經畫過的地方繼續畫，無法畫到透明區域。當你要替已經畫好的內容增加色彩，或是想畫上漸層色，但又不想破壞既有內容時，用阿爾法鎖定就對了！

本例就是先在背景植物 2 圖層塗抹深色，然後開啟阿爾法鎖定，即可在既有的深色區域添加明亮的樹葉。

▶ 想讓圖層中的色彩具有多層次變化時，可善用阿爾法鎖定功能

## 14

差不多所有元素都就位了，就可以進一步美化，例如可以用擦除工具，擦除圖層中的某些部分，替畫好的植物修飾出更複雜的形狀和邊緣。使用擦除工具時，請將筆刷透明度設定為 100%，可擦出清晰的形狀。

透過擦除的技法，可以在茂盛樹叢中擦出一些空隙，讓背景色的光芒從這些空隙透出來，這樣一來就會更強調樹林茂密的感覺。

◀ 關閉背景植物 2 圖層的阿爾法鎖定，用擦除的方式，將前面已經勾勒出來的形狀，修飾成更完善的樹葉造型

## 15

畫到越後面的階段，你可能會覺得更需要運用技法，畢竟良好的基礎是畫得逼真的關鍵。前面已將內容分層處理，這個階段就能體會分層的重要性。你可以分別到每個圖層仔細雕琢形狀，或添加細節和色彩，體驗數位繪畫的樂趣。

為了修飾整體細節，再建立新圖層，命名為修飾上色，接著就在此圖層針對整體輕輕畫上要修飾的內容。描繪時建議降低筆刷透明度，這樣會使筆觸更好控制，效果也會更加融合。用這個方式加上細節，可以保持背景不變。

▲ 將筆刷透明度調低並將筆刷尺寸縮小，以更精細的筆觸來描繪細節

## 16

這幅畫中最重要的視覺焦點，現在才要亮相，那就是樹林中的小橋。你可以將草稿圖層重新顯示，並將透明度調低，以便妥善掌握小橋的透視效果和位置。建立小橋圖層，先簡單勾勒出橋的造型，再用偏暗的顏色塗上底色。描繪時，建議把筆刷透明度設定為 100%，請讓橋的邊緣保持清晰，要畫出有一點對稱而且具有立體感的造型。

▼ 建立小橋圖層來描繪橋的架構，要特別注意造型的立體感

## 17

請在小橋圖層上面新增幾個圖層，這是為了要描繪小橋的細部結構和立體效果。將這些圖層設定為剪切遮罩，這樣一來就會把下層的小橋造型當作基礎形狀，控制描繪內容不會超出小橋的範圍。剪切遮罩的用法就像替圖層開啟阿爾法鎖定，但設定為剪切遮罩會更有彈性，你可以替同一個圖層加上許多個重疊的剪切遮罩來描繪，讓它們一層層重疊，而不用擔心破壞下方的圖層。這裡我建立兩個剪切遮罩，一個是用噴槍 > 軟筆刷塗漸層色，另一個則是仔細雕琢小橋上每一面的反光效果和立體感。

▼ 剪切遮罩會以下層的形狀當作模板，讓你在這個模板的範圍裡繪畫

## 18

到了這個階段，你會感受到這幅畫正在按部就班地成形。在過程中，你也會發現它還有些缺少的地方，例如畫面有些不夠清楚、色彩有點單調而且缺乏深度，需要針對整體再好好修飾一番。由於這是寫生，時間有限，假如你需要離開你寫生的地點，建議先拍下此場景的照片，稍後再參考照片畫完細部即可。

既然是寫生，能在現場作畫一定是最理想的狀況，因為照片中能表現的氣氛是有限的。但在有必要時，例如時間不足或環境影響，你可以先在現場掌握氣氛，然後拍照回家，再對這幅畫做最後的修飾。

▲ 在寫生現場拍照，可用於為畫作補充最後的修飾、並且將它畫得更精細

## 19

最後要添加的重要元素就是路燈，描繪的方式和之前描繪小橋類似。先建立路燈圖層，參考草稿來畫出路燈的基本結構，再建立幾個剪切遮罩圖層來替燈罩和路燈柱著色。如果有需要的話，可以多建立幾個剪切遮罩，繼續描繪更多的細節。全都完成之後，將路燈相關的圖層一起組成群組，命名為路燈群組。

完成路燈之後，請再觀察整體平衡，視需要再建立新圖層添加細節。

▶ 畫完路燈之後，觀察整體平衡，再建立新圖層來補上更多細節

## 插畫家獨門秘技

在創作過程中，我會隨時運用「兩指捏合」的手勢來縮小畫面。這樣就能從縮圖的角度來觀察作品，以便檢查畫面的平衡感，還可以觀察這幅畫在縮圖狀態時，看起來是否仍賞心悅目。

## 20

畫到最後，我們要複製整個畫面，請用三根手指在螢幕往下滑，叫出選單後按下拷貝全部鈕；然後再次用三指下滑，按貼上鈕。這個方式就像對整幅畫拍照，並貼到最上方的新圖層。新圖層原名為「插入的圖像」，請重新命名為平面化內容。

▲ 用三指下滑叫出此選單，第一次按拷貝全部鈕，第二次按貼上鈕

## 21

有了這個平面化內容圖層，就可以套用各種圖層混合模式來營造不同的氣氛，對作品做最後調整。例如套用柔光模式可以讓色彩更飽和，並提高對比度。

套用混合模式後，可用遮罩來控制要套用的範圍。在遮罩上畫畫時，塗黑的部分會隱藏該圖層的內容，保留白色或塗灰色的部分則會顯示出來。在此將平面化內容圖層複製出好幾層，分別套用柔光、濾色和色彩增值混合模式，再用遮罩控制顯示範圍。

▶ 套用不同的混合模式後，再用遮罩控制顯示範圍

## 22

套用多種混合模式來提升作品深度與色彩後，請對這幅畫做最終評估，若有需要，仍可以建立新圖層來做最後修飾。若你覺得圖層實在太多，可將確信不需再更改的內容合併。全部完成後，即可將這幅畫匯出並分享出去（請參閱 p.18 的說明）。

為最後修飾的內容添加最後一個圖層

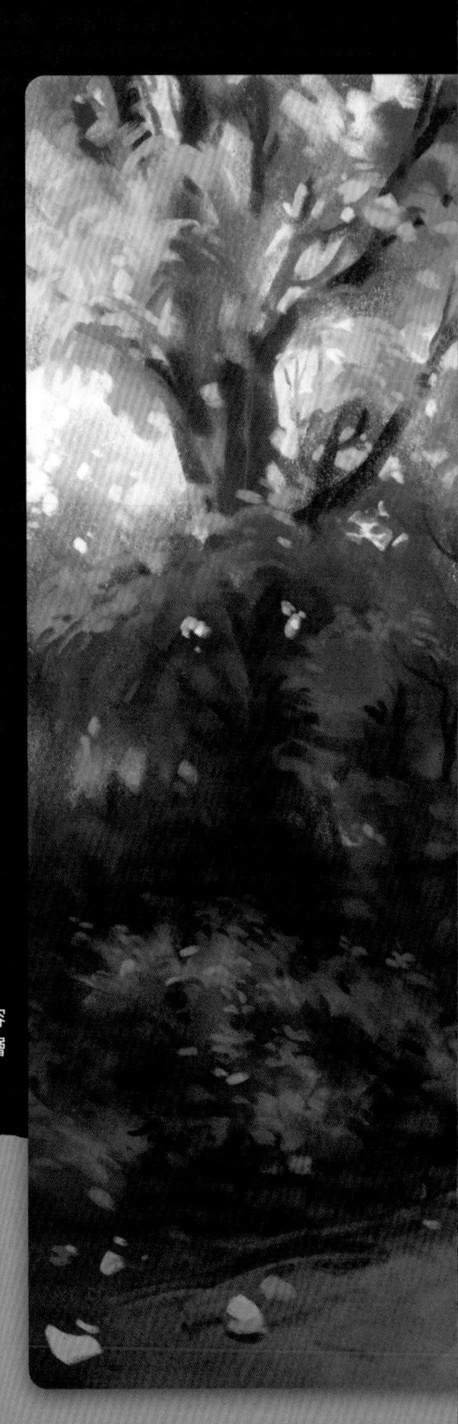

# 插畫完稿

這幅戶外寫生的畫作，想營造的效果是表現綠意盎然的戶外場景，重點是展現寧靜的氣氛。在畫大量樹叢時，如何表現繁盛茂密的樹木，同時兼顧樹葉形狀的柔軟和不規則感，這都是表現的重點。你可以試試看不同效果，例如把樹的邊緣畫得更具體或更鬆散，也可以試試不同的顏色和光線，表現細節並加強畫面的平衡感。當你無法把每片葉子都畫出來時，要學習活用風格化的畫法。只要熟悉這些技法並多練習，你就會越來越上手。

Final image © Simone Grünewald

作品名稱：In a Nutshell
（躲在堅果殼中）

作品名稱：
Bathing in Autumn（秋之禮讚）

# 科幻人物

**山姆・納索爾 (Sam Nassour)**

使用 iPad 和 Procreate 隨時隨地都能創作藝術作品，就像是隨身攜帶的素描本一樣，但是你卻能擁有數位繪圖工具所提供的強大功能！這個專案將會用 Procreate 創作一幅科幻風插畫作品，包括會打造出前衛的太空船場景，以及其中的外星人與外星生物。

這幅畫從無到有都是在 Procreate 中創作完成，透過軟體的輔助，每個創作階段都變得更輕鬆。包括發想草稿和描繪線稿、使用**剪切遮罩在指定範圍內上色**，並活用混合模式加上光源特效等等，這些技法能讓角色變得栩栩如生。善用軟體特性來分層描繪，你可以分別觀察每個圖層的內容與合併後的效果。

這幅畫中的科幻風背景，我們同樣是從零開始設計，課程中會引導你一步步建立，包括建立兩點透視圖以及活用**繪圖輔助功能**讓線條對齊透視線，打造出逼真的場景。課程的最後會帶你打造照明效果、添加紋理和景深，讓背景與角色搭配得天衣無縫！

PAGE 208

插畫相關資源的下載方式
請參考 p.208

## 你將學會這些技巧

- 把概略的想法畫成草稿
- 分圖層繪製、創造出色的照明效果
- 使用繪圖參考線建立透視網格
- 活用圖層混合模式打造發光效果

## 01

建立新專案，從新畫布視窗選擇 A4 尺寸。這個專案要畫科幻風的外星人物，在發想的階段，我用預設的**素描 >HB 鉛筆筆刷**，試著畫出造型還不太明確的各種外星人物草稿。我想塑造出一個長相凶惡的外星人角色，再設計一隻呆頭呆腦的蜥蜴類寵物來陪他。在做角色設計時，這種對比總能製造一些歡樂笑料。我通常會發想至少三種草稿，而且都是放在預設圖層。在發想的階段，並不需要增加太多圖層。

▼ 至少會畫出三種草稿來構思角色設計

## 02

從眾多草稿中選出想要繼續發展的草稿(本例選「草稿 A」)，使用**選取 > 徒手畫**圈選出想要的草稿，然後用「三指下滑」手勢叫出**拷貝 & 貼上**面板，按**剪下 & 貼上**鈕，即可將選取的內容剪下並貼到新的圖層(預設名稱為「**從選取範圍**」)。至於其他已經不需要的草稿圖層，可將它們隱藏或刪除。

請將「**從選取範圍**」圖層重新命名為草稿圖層，然後點選**變形**工具，在畫布內將該草稿盡量放大，並且把內容居中，以利後續的描繪工作。接著請將草稿圖層的透明度調成 50%左右。

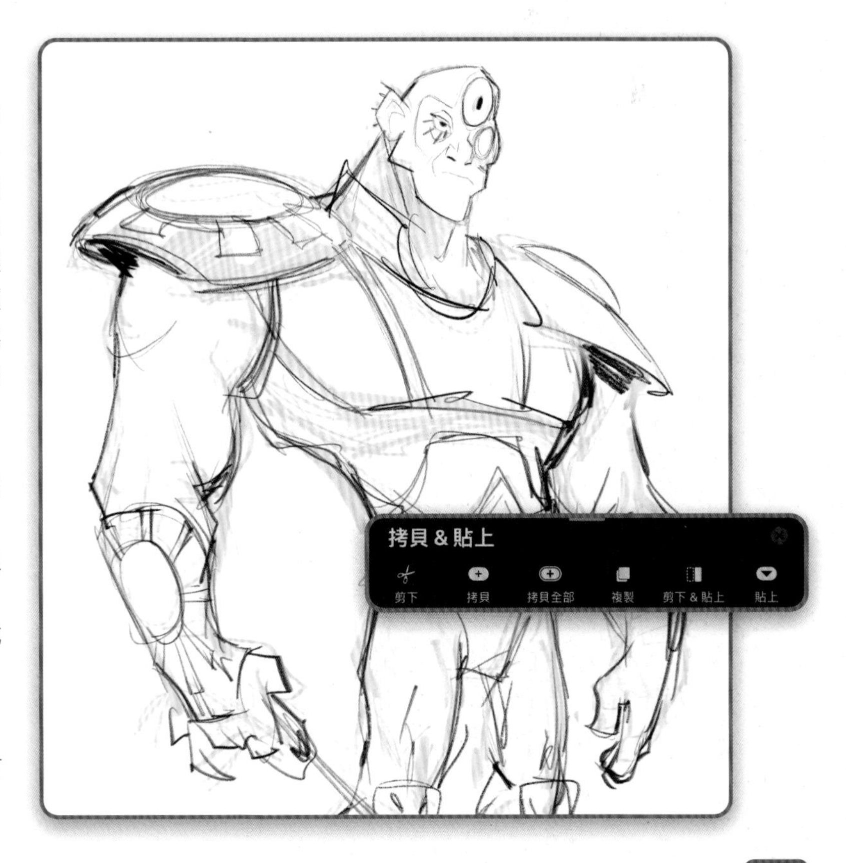


▶ 用「三指下滑」手勢可叫出拷貝 & 貼上面板

## 03

在草稿圖層上建立新圖層，並重新命名為「線稿」。建議你養成替圖層重新命名的習慣，命名要有意義，才能避免圖層較多時找不到圖層。接著請用素描 >HB 鉛筆筆刷，仔細重描草稿的內容，製作成線條清晰的線稿。

描繪線稿時，重點是要保持耐心、慢慢來，還要一邊畫一邊重新調整每個設計元素。我通常會盡量運用直線、S 形曲線和弧線，目的是畫出清晰的輪廓，設計成整體比例有趣的作品。不一定要完全照著草稿畫，也可以再做調整，例如我幫外星人加上一把令人畏懼的肥皂泡泡槍。到此線稿就完成了，你也可以參考 p.208 的說明下載這份線稿。

▲ 在描繪時善用曲線和直線的對比效果，能營造出動感十足的節奏

▲ 修改過的線稿不一定要畫得很深，只要輪廓清楚即可進行下一步

## 04

畫出清晰的線稿之後，我們要建立一個填滿單色的輪廓圖層，接下來要用來模擬照明（打燈）的效果。加上照明效果可以讓角色的外觀更逼真，也能更符合該場景的氣氛。添加照明效果的方法並不難，只要活用圖層混合模式即可製作出來。

請建立新圖層，移動到線稿圖層下，並將它重新命名為「輪廓」。接著請使用選取 > 徒手畫 > 顏色填充功能，沿著線稿的內容勾勒出整體輪廓，當你描繪完選區並將選區封閉時，就會自動填入目前使用中的顏色。若要變更，可按畫布右上角的顏色鈕開啟顏色面板，選擇想要的顏色並將顏色鈕拖曳到輪廓中即可填色。

▶ 在輪廓圖層填滿黑色，此圖層接下來也會用於製作底色（固有色）

## 05

請複製輪廓圖層，重新命名為純色圖層，我們要在這個圖層塗固有色，也就是各部位的原色。請降低線稿圖層的透明度，並替純色圖層開啟阿爾法鎖定功能。這樣一來，就會鎖住所有未上色的區域，我們只能在既有的輪廓內上色。接著我使用 Hard Blob 筆刷（可參考 p.208 的說明下載），如圖在純色圖層替角色的各部位上色。你可以試著用純色去塗抹大面積的區域。

▶ 加上純色的線稿

## 06

塗上固有色後，請再建立新圖層，並將它重新命名為「環境光遮蔽」（Ambient Occlusion）※。接著請將此圖層設定為剪切遮罩，以便在此圖層上繪畫時，同樣把能畫的範圍限制在圖層下方的範圍之內。請將混合模式更改為色彩增值，因為此模式非常適合添加陰影，它將會使下方圖層的顏色變暗。

接著你可以使用作者提供的 Sam's Practical Strokes 或 Sam's Simple Gouache 筆刷（請參考 p.208 的說明下載），先把該圖層填滿白色，然後參考草稿圖層，活用黑色以及灰色，使用噴槍 > 軟筆刷，替角色的加上深淺不同的柔和陰影。

本例設定的光源方向，是來自畫面右上角的低強度漫射光；若有光線無法照到的區域（例如盔甲的角落和較深的夾縫）可能會接近黑色。如圖描繪陰影後，這個角色就擁有接近 3D 立體效果的外觀了。你可以切換此圖層的混合模式，在正常和色彩增值間來回切換，以檢查效果。

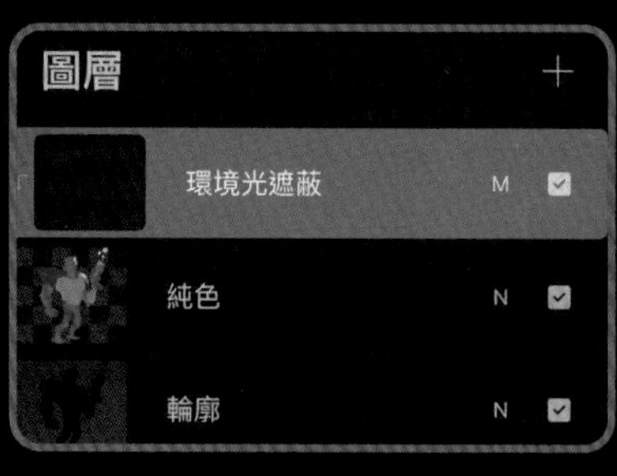


▲ 將此圖層設定為剪切遮罩，可將其繪製範圍限制在下方圖層的輪廓內

▲ 將線稿圖層也暫時關閉，以便檢視描繪陰影的效果

※註：「環境光遮蔽」(Ambient Occlusion) 簡稱 AO，是用來計算場景中每一點接受到多少環境光，例如愈隱蔽的地方，光線就愈暗。此效果通常是用 3D 繪圖軟體計算而成，本例的作者是以手動上色來模擬。

## 07

在環境光遮蔽圖層的上方，再建立一個新圖層，命名為「光線通過」，並同樣設定為剪切遮罩。請將混合模式更改為添加，這裡要加上來自右上角的強烈光源效果。請用 Sam's Roller 或 Sam's Practical Strokes 筆刷（請參考 p.208 的說明下載），參考右圖，以灰紫色描繪反光形狀。請注意反光的形狀要很明確，因為是強烈光源，不能將光線畫得太柔和。

▶ 右圖中的效果，是暫時關閉線稿圖層，以檢查光線通過圖層與環境光遮蔽圖層內容重疊混合的效果

## 08

到此已經建立三個上色用的圖層，分別是純色圖層（固有色）、環境光遮蔽圖層（漫射光）、光線通過圖層（強烈光源）。你可以切換開啟或是關閉各圖層，以便觀察這些圖層是如何產生混合效果，也可以依需要分別調整每個圖層的透明度。重點在於照明效果不可過度誇張，因為這幅畫才剛開始而已，後續我們會繼續做更多調整。

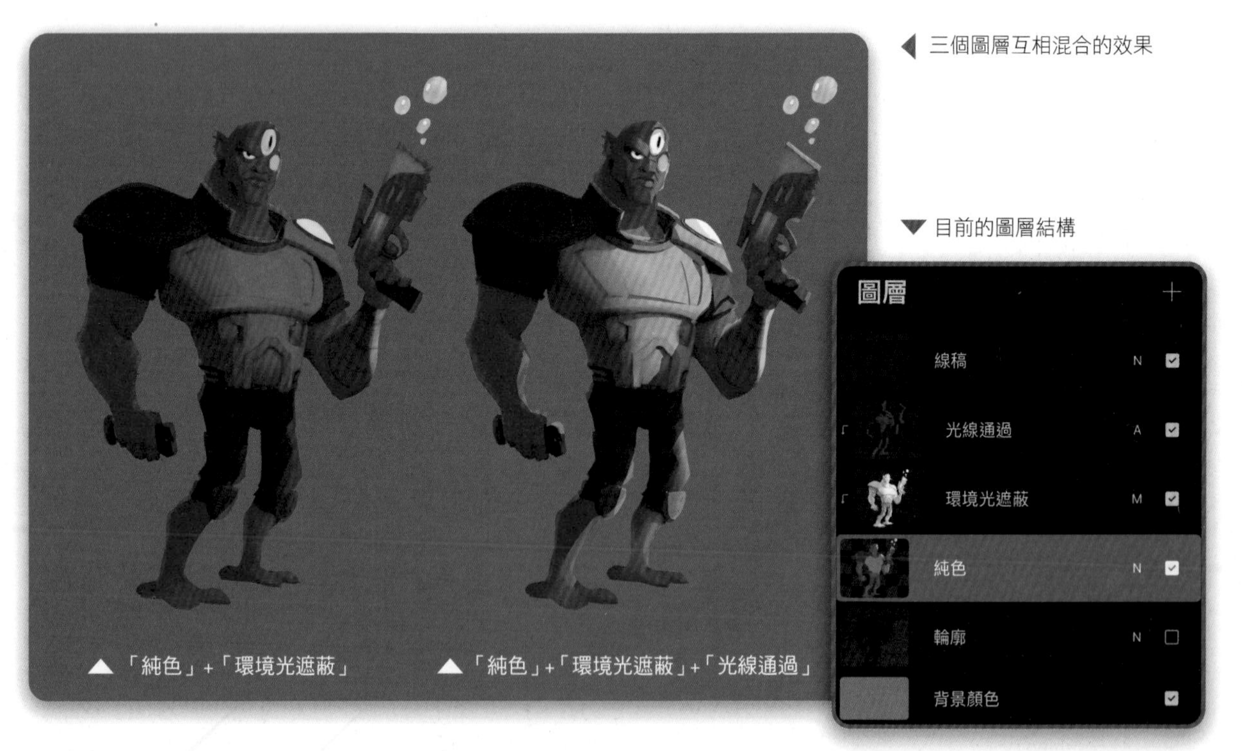


▲「純色」+「環境光遮蔽」

▲「純色」+「環境光遮蔽」+「光線通過」

◀ 三個圖層互相混合的效果

▼ 目前的圖層結構

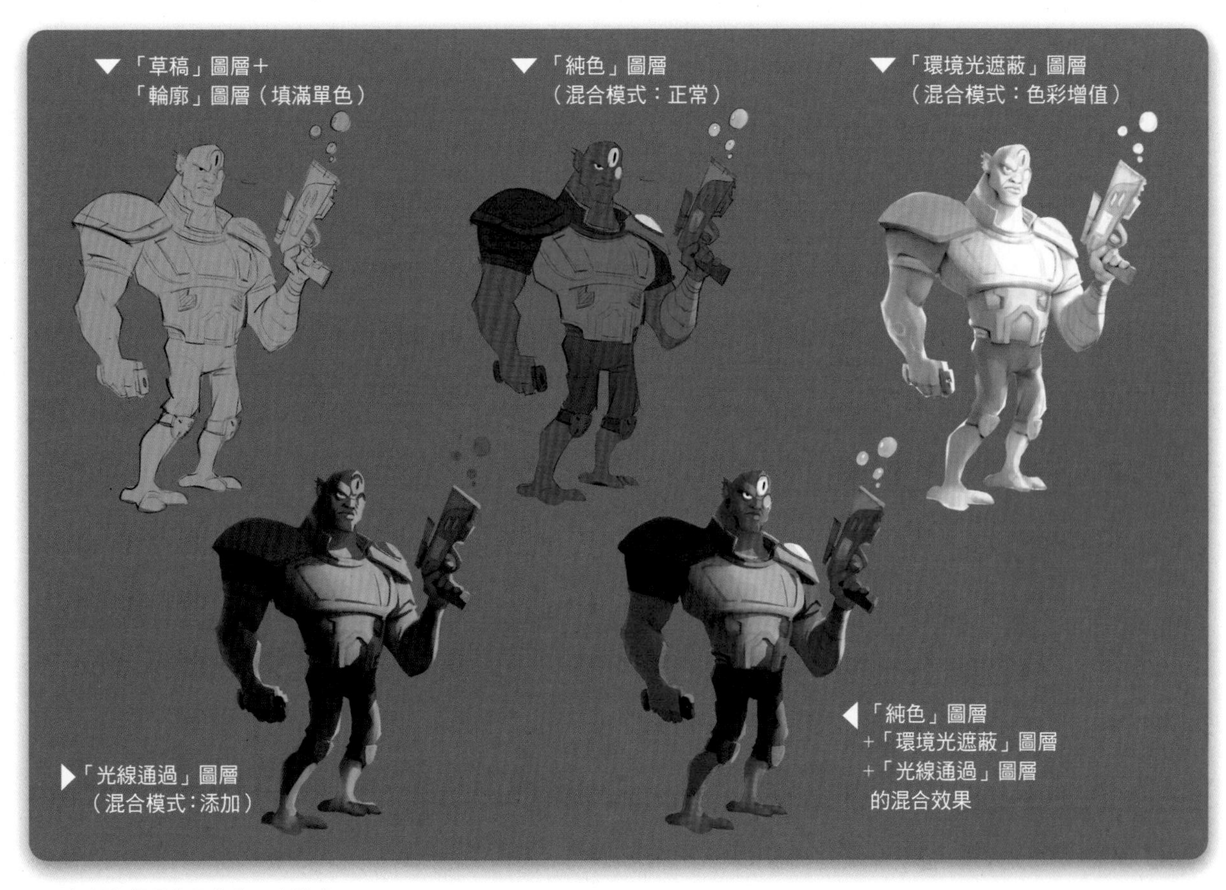


▲ 解析各圖層的內容和混合模式

## 09

到此已經完成外星人的明暗處理，因此我用「捏合」手勢，將上述這幾個圖層全部合併成一個，命名為外星人圖層（如果想保留分層結構，建議先將這幾個圖層先組成群組、複製群組後再扁平化為一個圖層）。

然後要繼續在合併後的外星人圖層上畫畫，請開啟阿爾法鎖定，仔細描繪細節並加強明暗對比，建議用 Sam's Flat Painterly 筆刷（參考 p.208 的說明下載）來描繪。接下來請你自行練習，用同樣的方式來畫蜥蜴寵物，完成外星生物圖層。

▶ 將外星人的相關圖層合併，繼續加強細節與明暗對比

## 10

使用調整 > 曲線 > 圖層功能來調整外星人圖層的顏色對比度，請切換成伽碼模式，如圖調整曲線，創造出帶點 S 形的曲線，這樣會讓影像的暗部更暗一點、亮部更亮一點，即可提升整體的對比度。

▼ 使用曲線工具提升對比度

### 插畫家獨門秘技

想要更有效率地用 Procreate 來創作，就要善用**手勢**，當你越來越習慣手勢，工作的流程也會越來越流暢（手勢說明可參考 p.24~p.27）。

有個更快的方式可以叫出常用功能，請到**操作 >手勢控制 >速選功能表**，開啟右邊第一個項目，設定完成後，只要隨時點一下「**修改鈕**」，即可叫出「**速選功能表**」，其中有六種常用的功能。你也可以按中間的「**速選功能表 1**」鈕，開啟選單來自訂新的速選功能表。

## 11

顏色都安排好後，我們再針對角色身上各部位，使用液化工具來加強比例，或是修改整體形狀。液化是非常強大的工具，使用時請勿過度調整，以免圖像失真。調整時仍要隨時注意原稿，以免調整後的結果偏離原本的設計。

如果想讓效果更具動感和流暢性，請調整液化面板推離工具下的動量滑桿。動量可在不重畫的原則下，進一步推移內容，但是請注意不要推得太過分，要在手動調整和運用動量自動調整之間取得平衡。

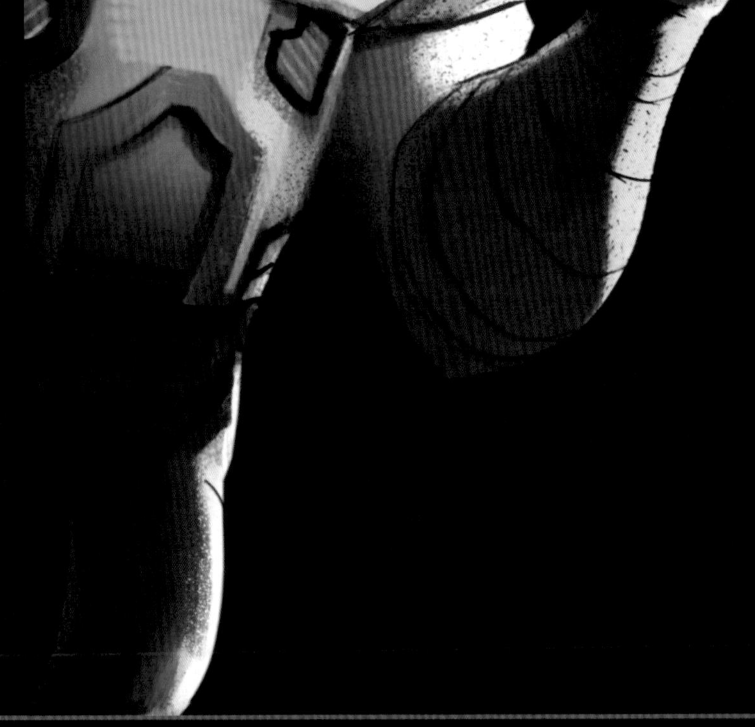

▶ 需要稍微調整形狀和比例時，液化工具非常好用

## 12

使用 Sam's Flat Painterly 筆刷，將透明度設定為 75%，繼續在外星人身上補充一些細部結構，例如服裝上的刮痕和材質紋理。若你有自行準備的紋理圖片（建議使用黑白的圖檔），亦可匯入 Procreate 使用。

匯入的方式是按操作 > 添加 > 插入一張照片，接著會開啟 iPad 的相簿（建議先將要用的紋理圖片儲存在相簿中），即可選取圖片並匯入 ※。

▲ 想要貼上大面積的材質紋理時，可直接匯入圖片來合成

## 13

匯入材質圖片後，請將其混合模式設定為覆蓋，可和下層混合。接著請使用變形 > 翹曲功能調整紋理的形狀，以配合要合成的區域。例如要把花紋合成在肩膀的盔甲上。你可以在自由形式和翹曲模式間來回切換，讓紋理可以符合適當的位置。此外，也可以運用具有紋理的筆刷，例如用懷舊 > 報紙筆刷，在胸前的盔甲上塗抹出簡單且細緻的紋理。

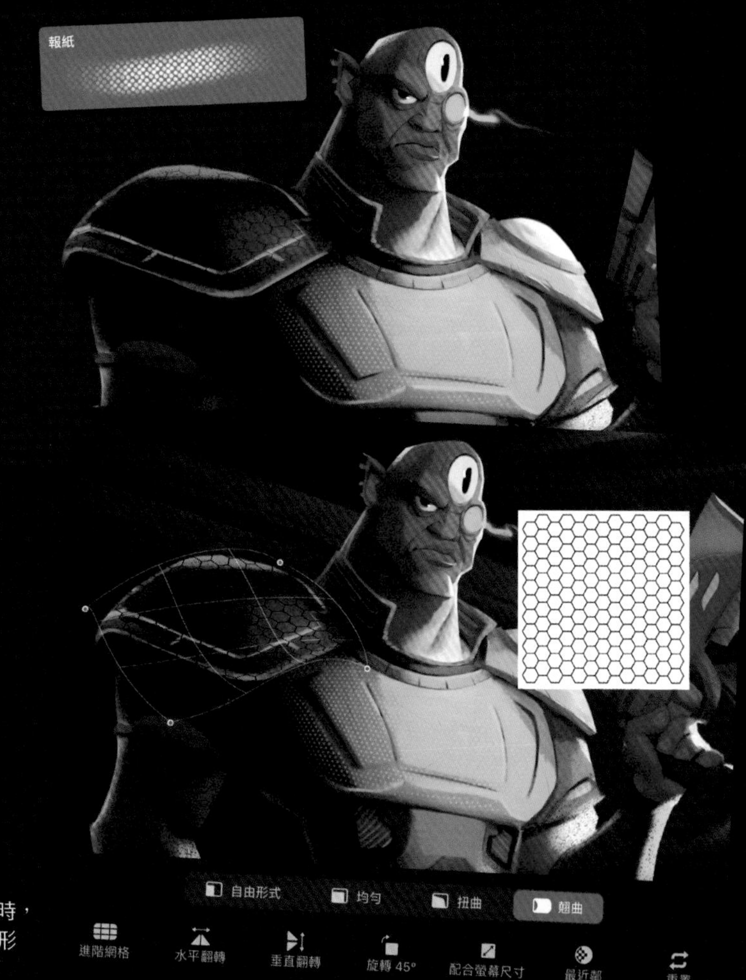


▶ 使用具有圓點紋路的筆刷畫出底紋，和蜂窩圖樣融合

▶ 要將花紋貼到曲面上時，建議用翹曲功能來變形

※ 註：本例使用蜂窩紋路圖片來合成，由於作者並未提供此圖片，讀者可使用自行準備的素材圖片來練習。若需尋找和作者相同的蜂窩圖樣素材，建議以關鍵字（例如「蜂窩圖樣」或是「Honeycomb pattern」等關鍵字），搜尋合法的免費素材來使用。

## 14

主角修飾得差不多了，接著要開始製作背景。背景的重點是內容不可太過複雜，以免轉移畫面焦點。要製作具有立體感的透視背景，就要用 Procreate 的**繪圖參考線**製作準確的透視圖。請選擇**操作 > 畫布**，先啟用**繪圖參考線**，然後點擊下方的**編輯 繪圖參考線**。

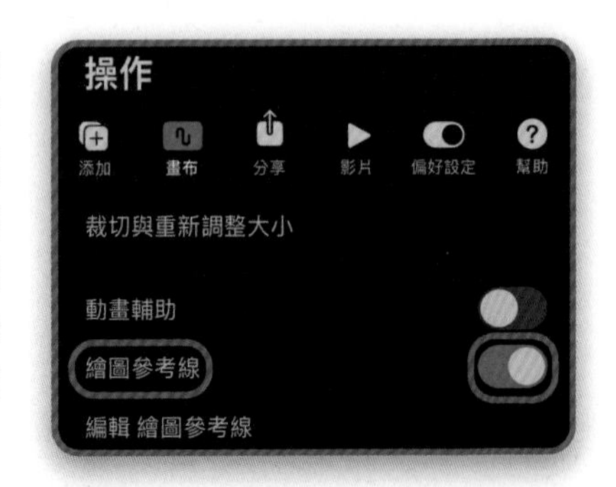


開啟繪圖參考線並點擊編輯繪圖參考線項目

## 15

接著會開啟繪圖參考線視窗，請將下方的面板切換為**透視模式**。接著可以點擊任意位置來建立消失點，本例要在左右兩邊建立消失點。

在左右兩邊建立消失點，稱為**兩點透視**，建議的做法是將兩點的距離盡量拉開，並確保地平線不會傾斜。如果看不清楚，可調整**粗細**滑桿來調整繪圖參考線的粗細。調整好後請按**完成**鈕，即可在幫背景畫草稿時就看到網格。

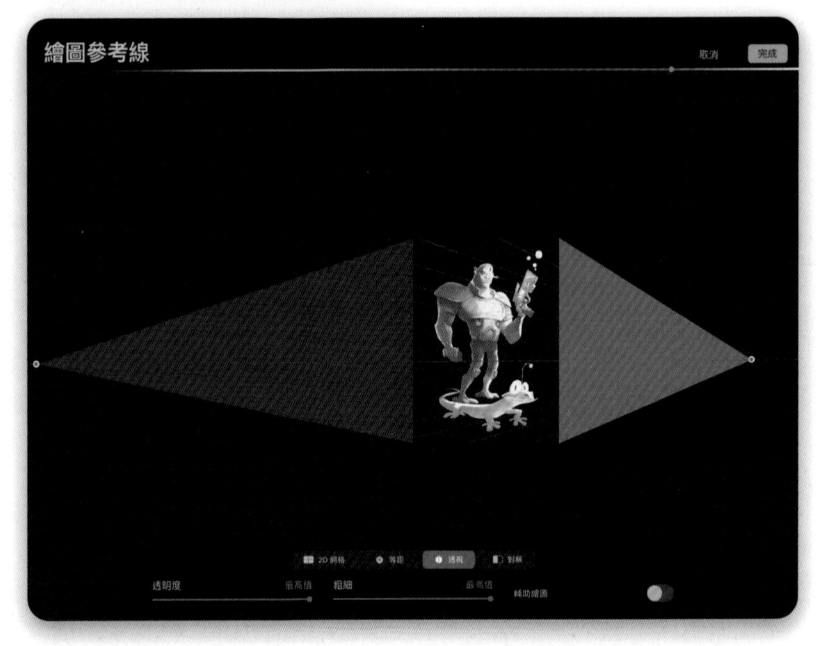


建立透視點時，要確保角色的位置正確，並且要讓水平線保持筆直

## 16

請建立背景草稿圖層來描繪背景。為了要讓線條自動對齊網格（就像用尺來畫圖），必須替這個圖層啟用**繪圖輔助**選項，則在此圖層畫線時，就會自動吸附網格。在你畫背景的過程中，可以切換打開和關閉繪圖輔助功能，例如只在畫直線時打開、不畫直線時就關閉。這個功能一定會助你一臂之力！

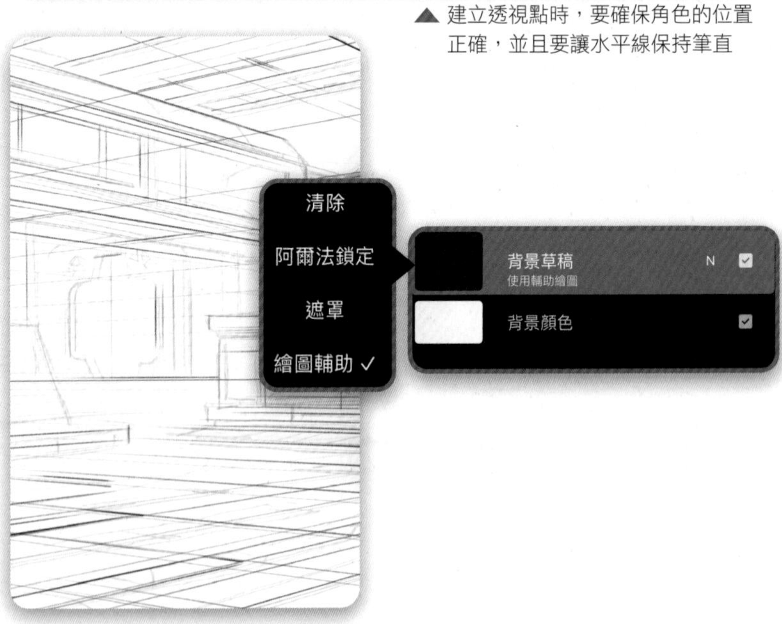


在背景草稿圖層開啟繪圖輔助功能，則線條會自動對齊用繪圖參考線設定的網格

## 17

繼續修飾**背景草稿**圖層，你可以在**背景草稿**下方建立**背景色塊**圖層，並用灰色填滿，再使用**選取工具**來勾勒出幾塊主要元素、填入不同的灰色，並保留一些硬邊線。請將此圖層的**混合模式**設定為**色彩增值**。

▶ 使用**選取工具**去勾勒出背景中的主要元素

## 18

完成**背景草稿**後，再建立**背景上色**圖層，移動到**背景色塊**圖層下方。由於背景所需的細節不多，你可以將細節都畫在同一個圖層上。為了加快流程，我們直接用深藍色填滿**背景上色**圖層。

## 19

選擇與深藍色底色相似的顏色，用 Sam's Flat Painterly 筆刷，把一些細節仔細畫好，針對背景中的主要物件，利用**選取工具**描繪出清晰的選區，然後在選取範圍中塗抹上色。在選取時，你可以隨時切換**徒手畫**或是其他的選取模式，以選取需要的形狀。在選取範圍裡面直接上色是個好方法，這樣可以精準地控制上色的邊緣。

▲ 在**背景上色**圖層填滿深藍色，這種單色背景可以讓主角更加突顯，而不會分散觀眾的注意力

▲ 在選取範圍裡面直接上色，這個方法可以畫出清晰的邊緣

## 插畫家獨門秘技

Procreate 的工具很好上手，你應該能輕鬆畫出自己的作品。軟體操作很簡單，但如果想要畫得好，就需要多練習。請記住要常善用不同圖層來組織作品，成果會更完美。

## 20

在畫背景的過程中，為了避免干擾，可先關閉外星人和外星生物圖層，但是等到背景快要完成時，請記得重新打開這兩個圖層，如果場景中有被這兩個角色擋住的部分，其實不用花費太多心力去仔細描繪。

▶ 描繪背景時隨時切換顯示角色

## 21

這個場景中還有一些發亮的燈光，畫法是先畫出燈光色塊，然後加上發光效果。請先建立燈光圖層，再使用選取 > 徒手畫模式，圈選畫面中的矩形燈光，以純色（淺藍色）填滿。接著請複製燈光圖層，重新命名為發光圖層，並將發光圖層的混合模式設定為添加。

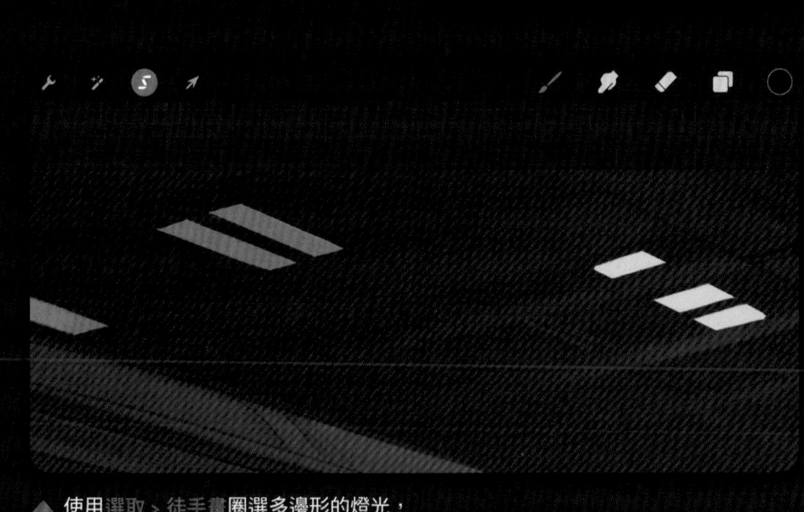

▲ 使用選取 > 徒手畫圈選多邊形的燈光，建議點擊燈光四角的點，可建立直線

## 22

在發光圖層設定調整 > 高斯模糊 > 圖層，然後左右滑動手指，以調整強度。接著設定調整 > 雜訊 > 圖層，替光芒添加一些雜訊，會更逼真。

▼ 套用圖層混合模式，再加上高斯模糊與雜訊濾鏡，創造逼真的發光效果

作品集

調整

色相、飽和度、亮度

色彩平衡

曲線

梯度映射

高斯模糊

動態模糊

透視模糊

## 23

最後可再加強一些細節。例如可以比照 Step 12 匯入紋理圖片，再合成到地面上。在此我活用變形 > 扭曲功能，將紋理圖片依透視方向變形，這可以讓紋理更貼合地面，打造更逼真的場景。

我們致力於打造科幻風場景，但是仍要注意一點，就是避免加入太多令人分心的細節，要讓畫面的焦點保持在角色身上。此階段要加強的，是活用一些小細節，更巧妙地暗示觀眾「這是科幻場景」。

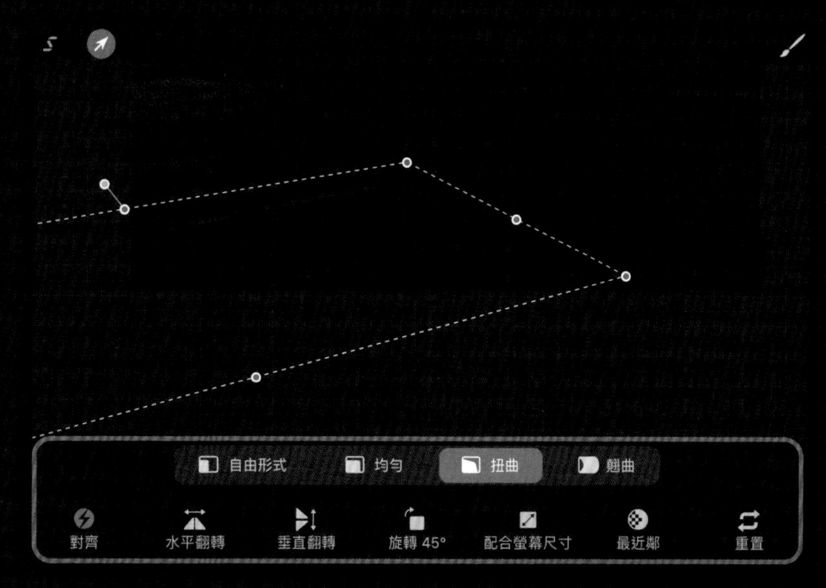


▲ 在透視場景中合成紋理圖片時，可善用變形 > 扭曲功能來合成

## 24

角色和場景差不多完成了，最後要替背景添加景深效果，讓場景更有深度。請將背景相關的圖層都組成群組、合併並複製，然後使用調整 > 高斯模糊 > 圖層來打造景深效果。也可以再用調整 > 雜訊 > 圖層加上顆粒質感。接著請使用擦除工具，設定噴槍 > 軟筆刷，在這個模糊的圖層裡擦除地面區域，這樣就只有最遠處的背景模糊，不會影響前景。現在作品終於完成了，你可以把它匯出（請參閱第 18 頁的說明）。

▲ 活用擦除工具，讓前景清晰、背景模糊，模擬相機鏡頭拍攝的景深效果

▲ 運用高斯模糊和雜訊濾鏡營造景深質感

# 插畫完稿

完成這個專案後，你會學到如何使用 Procreate 基本的工具和技法，描繪出你所想像的科幻人物，並設計出符合情境的場景。你可以進一步探索，將這些技法應用於各種藝術風格。你要樂於接受與發掘新事物，在創作中，總是有很多第一次遇到的狀況，需要多多學習和嘗試。請保持玩心去享受和體驗創作的樂趣，會讓你在創作上越來越進步。請你讓自己玩得開心，樂在其中，享受創作的過程吧！

Final image © Sam Nassour

作品名稱：Viking（維京人）

作品名稱：Captain Whiskers（鬍鬚隊長）

# PROCREATE 操作功能索引（中英文對照）

Alpha Lock 阿爾法鎖定（透明區域鎖） p.44
替圖層開啟此功能後，可以鎖住該圖層的透明區域，之後只能在既有的內容上繼續畫。

Blend Modes 圖層混合模式 p.46 ～ 47
此設定可以讓兩個或更多圖層互相混合，預設的模式為「正常」，圖層互不干涉；而其他模式則可以模擬各種混合效果，包括混合變亮、混合變暗等。

Blur 模糊 p.58 ～ 59
位於「調整」面板中的模糊特效，包括「高斯模糊」、「動態模糊」和「透視模糊」，可創造模糊效果。

Brush 筆刷 p.28 ～ 35
是數位繪圖中用來繪畫的主要工具，Procreate 內建了「筆刷庫」，包含五花八門的筆刷，可讓你模擬各種手繪媒材的繪畫效果。

Clipping mask 剪切遮罩（剪裁遮色片） p.49
「剪切遮罩」類似其他繪圖軟體的「剪裁遮色片」。開啟此功能後，會把下方的圖層設定為父圖層，上方圖層則設定成子圖層。子圖層只能在父圖層已有像素的區域內畫畫。

Color Balance 色彩平衡 p.63
位於「調整」面板中的「色彩平衡」功能，可分別去控制圖像中紅色、綠色和藍色的比例。

ColorDrop 色彩快填 p.40
「色彩快填」是 Procreate 的專屬功能，可快速用單色填滿封閉區域。使用方法很簡單，只要把畫布右上角的顏色樣本（色票）拖曳到畫布上，即可快速填色。

Color popover 顏色面板 p.38 ～ 41
點擊畫布介面右上角的圓形顏色圖示，即可打開顏色面板，提供多種選色模式，包括「色圈」、「經典」、「調和」、「參數」和「調色板」。

Color swatch 顏色樣本（色票） p.38、41
指畫布介面右上角的圓形顏色圖示，它會告訴你目前選擇的是什麼顏色。按一下該圖示可開啟顏色面板，該面板中表示顏色的小方塊也是顏色樣本（色票）。

Crop 裁切與重新調整大小 p.68
「操作 > 畫布」中的功能，可裁切與調整畫布大小。

Curves 曲線 p.64
位於「調整」面板中的「曲線」功能，點選後會開啟色階分布圖，透過長條圖控制圖像的明暗程度。

Custom brush 自訂筆刷 p.33 ～ 35
這是指由 Procreate 使用者自己從零開始製作的筆刷，或是將現有預設筆刷調整參數而成的筆刷。

Drawing Guide 繪圖參考線 p.69
位於「操作 > 畫布」中的繪圖參考工具，開啟後可在畫布上建立和編輯網格，可以輔助畫出準確的位置，亦可開啟透視參考線來繪製透視圖。

Drawing Assist 繪圖輔助 p.69
此功能可從圖層面板開啟或關閉，開啟時會讓所畫的線條對齊目前設定的繪圖參考線。

Eraser 擦除工具（橡皮擦工具） p.28、30
此工具可讓你擦掉（刪除）畫布中的像素。

**Gradient Map 梯度映射（漸層濾鏡）** p.65

位於「調整」面板中的功能，可快速替整張圖像套用漸層色濾鏡，快速變換色彩風格。

**Hue, Saturation, Brightness (HSB)**

**色相、飽和度、亮度** p.63

位於「調整」面板中的功能，包括「色相」、「飽和度」、「亮度」三種滑桿，可調整圖像色彩和亮度。

**Liquify 液化** p.62

位於「調整」面板中的功能，點擊後就會開啟「液化工具面板」，可操縱、扭曲和重塑畫布中的像素。

**Lock 上鎖（圖層鎖）** p.44

在圖層開啟此功能後，可將圖層內容上鎖，防止變更該圖層的內容。

**Magnetics 磁性** p.57

這是「變形」功能中的設定，在「變形」面板按下「對齊」鈕會開啟「設定」面板，其中就有「磁性」開關。開啟「磁性」後可以沿著水平、垂直或對角線的軸，以固定數值增量的方式來變形物體。

**Mask 遮罩（遮色片）** p.48

遮罩可以隱藏圖層的部分內容。替圖層加上遮罩後，就會在所選圖層上方建立一個白色遮罩。圖層遮罩的白色區域會讓內容顯示、黑色區域會將內容隱藏。此功能可隱藏圖層的部分內容而不必刪除。

**Noise 雜訊** p.61

位於「調整」面板中的功能，會在圖像上產生雜訊，添加粗糙質感，可模擬老照片或舊影片的效果。

**Pressure Curve 壓力曲線** p.70

此功能可調整使用觸控筆時的感壓設定，可依照自己用筆的力道去調整 Procreate 對筆觸強度的敏感度。

**QuickMenu 速選功能表** p.71

這是一組包含六個可自訂功能的選單，可以將常用的功能放入選單，並隨時用手勢叫出選單來使用。

**QuickShape 快速繪圖形狀工具** p.36 ～ 37

此功能可以自動調整使用者徒手繪製的線條或圖形，例如把徒手描繪的線條自動拉直，或是將手繪的圓形自動變成標準的橢圓形。搭配此功能可輕鬆畫出完美的線條和基本幾何形狀。

**Selection 選取** p.50 ～ 53

此功能可選取一個範圍來進行編輯，Procreate 內建了四種選取模式，包括「自動」、「徒手畫」、「長方形」、「橢圓」，可同時搭配多種工具來調整選取範圍。

**Smudge 塗抹工具** p.28、30

模擬手指塗抹的工具，可以將畫布上的內容推移或是塗抹開來，也可以搭配筆刷庫中的筆刷效果來使用。

**Transform 變形工具** p.54 ～ 57

此功能可以移動、翻轉、旋轉、扭曲或彎曲物件，可修改畫布上各元素的位置、比例或造型。

**Undo/Redo 撤銷與重做** p.25

這兩個按鈕位於畫布介面的側欄下方，「撤銷鈕」可在畫畫時退回到上一個步驟，而「重做鈕」則會往前進到下一個步驟。

# 可下載資源

在你跟著本書的開始畫吧以下章節去創作時，可先下載下列這些資源，包括插畫範例的草稿、作者提供的獨家筆刷等，讓它們成為你學習每個範例的好幫手！建議你在開始練習插畫範例前，先將資源全部下載，並且匯入到你的 Procreate 中。以下將分別列出每個章節所提供的資源。您可以在 https://www.flag.com.tw/DL.asp?F1599 下載到全部的檔案。

## 開始畫吧

- 提供 Procreate 插畫「Cloud City」讓讀者觀摩，版權為創作者 Izzy Burton 所有。檔案包含圖層，需匯入 Procreate 的作品集以便瀏覽。

P.12

## 童話風建築插畫

創作者：伊絲・波頓 (Izzy Burton)

- 縮時影片
- 線稿

P.74

## 角色設計

創作者：愛芙琳 ・ 絲托卡特 (Aveline Stokart)

- 縮時影片
- 角色發想縮時影片
- 線稿

P.92

「可下載資源」圖示

## 幻想風景

創作者：山繆 ・ 印基萊年 (Samuel Inkiläinen)

- 縮時影片
- 作者自創筆刷組 (Samuel Inkiläinen Brush Set)
  - Technical Pencil（自動鉛筆筆刷）
  - Sketch（素描筆刷）
  - Opaque Oil（不透明油畫筆刷）
  - Oval Hard（橢圓硬邊筆刷）
  - Soft Airbrush（軟噴槍筆刷）
  - Gregory（動態效果筆刷）
  - Chalk（粉筆筆刷）
  - Bushes（灌木叢筆刷）
  - Jellyfish Stamp（水母印章筆刷）
  - Speckle（斑點筆刷）
  - Hard Smudge（輪廓鮮明的塗抹工具）
  - Smudge（塗抹工具）

P.108

## 奇幻生物

創作者：尼可拉斯 ・ 柯爾 (Nicholas Kole)

- 縮時影片
- 線稿
- MaxU Shader Pastel 筆刷：這是付費筆刷，版權擁有者為馬克斯 ・ 烏利希尼（Max Ulichney）。他是本書作者群之一，因此有提供筆刷集送給讀者，可參考右頁上方的說明來下載。這個筆刷也包含在該筆刷集中。
- Tara's Oval Sketch NK 筆刷：這也是付費筆刷，版權擁有者為塔拉 ・ 嘉瑞吉（Tara Jauregui），需到作者的網站購買，費用為 5 美元。https://gumroad.com/dizzytara

P.124

### 復古海報插畫

創作者：馬克斯 · 烏利希尼 (Max Ulichney)

- 縮時影片
- 線稿
- 作者自創筆刷組（MaxU Procreate 筆刷集）
  - MaxU Gouache Bristle Gritty（不透明水彩鬃毛顆粒筆刷）
  - MaxU Gouache Grain Cloud（不透明水彩雲紋筆刷）
  - MaxU Gouache Thick（不透明水彩厚塗筆刷）
  - MaxU Sketchy Sarmento（速寫鉛筆筆刷）
  - MaxU Shader Pastel（粉彩筆刷）

也可以到 MaxPacks.art 網站購買更多筆刷

P.209

### 太空船

創作者：多明尼克 · 梅耶 (Dominik Mayer)

- 縮時影片
- 線稿

P.158

### 戶外寫生

創作者：西蒙妮・格呂內瓦爾德（Simone Grünewald）

- 縮時影片

P.174

### 科幻生物

創作者：山姆・納索爾 (Sam Nassour)

- 縮時影片
- 線稿
- 作者自創筆刷組 (Sam Nassour's Painterly Miniset Brush Set)
  - Sam's Practical Strokes（實用筆觸筆刷）
  - Sam's Roller（滾筒筆刷）
  - Sam's Flat Painterly（平頭畫筆筆刷）
  - Sam's Simple Gouache（簡單水粉筆刷）
  - Sam's Hard Blob（圓頭筆刷）

P.190

Image © Sam Nassour

# 本書作者群簡介

## 伊絲・波頓
(IZZY BURTON)
Izzyburton.co.uk

英國的動畫導演暨藝術家，執導的動畫短片《Via》曾獲倫敦獨立電影節最佳短片殊榮，目前在 Troublemakers 動畫工作室擔任導演。目前隸屬於布萊特插畫經紀公司（Bright Agency）※1，並且是「Passion Pictures」動畫工作室育才計劃「溫室」（Greenhouse）力捧的導演。

▲ 動畫導演 & 藝術家
自由工作者

## 山繆・印基萊年
(SAMUEL INKILÄINEN)
Samuelinkilainen.com

住在芬蘭的托爾尼奧市（Tornio, Finnish Lapland）的數位 2D 藝術家。他熱愛數位風景畫，經常在畫作中融入古典水彩的風格。

▲ 2D 藝術家
自由工作者

## 西蒙妮・格呂內瓦爾德
(SIMONE GRÜNEWALD)
Instagram.com/schmoedraws

德國插畫家暨角色設計師，目前是自由工作者，她的 ID 是「Schmoedraws」，你可以在 Instagram、YouTube 或 Patreon 募資平台 ※2 看到她的作品。她在遊戲產業擔任遊戲美術設計和藝術總監已有十多年的經驗，並且是塑造出許多遊戲角色造型的靈魂人物。

▲ 插畫家 & 角色設計師
自由工作者

## 尼可拉斯・柯爾
(NICHOLAS KOLE)
nicholaskole.art

遊戲業界資歷 10 年以上，用 iPad / Procreate 創作龍和巫師的全職畫家。你可以在《寶貝龍 Spyro the Dragon：重燃三部曲》（Spyro Reignited Trilogy）※3 遊戲中看到他的角色設計作品。客戶包括 Disney、DreamWorks、暴雪娛樂、任天堂，華納兄弟、拳頭遊戲（Riot）※4 等。

▲ 插畫家 & 角色設計師
自由工作者

※註 1 布萊特插畫經紀公司 (Bright Agency)：插畫經紀公司，範圍遍及童書出版、藝術授權、設計和廣告插畫經紀等領域，接案對象遍及全球，在倫敦和紐約設有辦事處。

※註 2 Patreon：提供創作者發起群募的平台，創作者可在 Patreon 網站設立自己的專頁，而贊助人可透過該平台提供贊助金額。

※註 3《寶貝龍 Spyro the Dragon：重燃三部曲》(Spyro Reignited Trilogy)：是《寶貝龍 Spyro the Dragon》系列首三部遊戲的重製合輯，於 2018 年 9 月發行，以慶祝此系列誕生 20 週年。

※註 4 拳頭遊戲 (Riot)：是美國的遊戲開發商和發行商，又稱為「拳頭公司」、「拳頭社」或「R 社」，在台灣的註冊商號為「銳玩遊戲有限公司 (RIOT GAMES TAIWAN LIMITED)」。

※註 5 概念藝術家 (Concept Artist)：也稱為「原創概念設計師」或「概念美術設計師」，是在動畫、電影、電玩或演唱會等影視作品中，負責作品世界觀與美術定位的創作者。

※註 6 視覺開發藝術家 (Visual Development Artist)：或稱視覺概念設計師，工作內容通常包括視覺概念設計、角色設計、美術概念設計等。

## 多明尼克 · 梅耶
**(DOMINIK MAYER)**
Artstation.com/dtmayer

來自德國紐倫堡（Nuremberg, Germany）的插畫家與概念藝術家（Concept Artist）※5。曾參與許多影視作品、書籍封面、卡牌遊戲、電影等，目前將熱情投注在探索各種事物，包括新的宇宙、獨特的世界觀、令人神魂顛倒的故事和設計，並將這些融入到自己的創作中。

▲ 概念藝術家 & 插畫家
自由工作者

## 盧卡斯 · 沛納多
**(LUCAS PEINADOR)**
Lucaspeinador.com

哥斯大黎加人，在遊戲產業擔任插畫家與概念藝術家。對內容創作非常狂熱專注，而且不吝分享，經常向其他藝術家們提供有利於創作的知識，並激勵其他人去從事創作。此外，他同時也是位出色的騷莎舞者。

▲ 插畫家 & 概念藝術家

## 山姆 · 納索爾
**(SAM NASSOUR)**
Samnassour.com

來自英國倫敦的藝術總監與視覺開發藝術家（Visual Development Artist）※6。他長年在影視娛樂動畫相關的業界工作，曾經替 Cartoon Network、夢工廠電視系列、Disney TV、Netflix 等影視媒體服務。最近的工作是和「Blue Zoo 動畫工作室」合作電視影集，主角就是英國超人氣角色「柏靈頓小熊」（Paddington）。他同時也在倫敦視覺特效學院「Escape Studios」教授角色設計。

▲ 藝術總監 &
視覺開發藝術家

## 愛芙琳 · 絲托卡特
**(AVELINE STOKART)**
Avelinestokart.com

比利時裔的角色設計師兼漫畫家，熱愛角色設計和創作自己獨特的世界觀。她目前正在比利時的阿爾伯特 · 雅卡爾高等研究應用學院（Haute Ecole Albert Jacquard）學習 3D 動畫，並且持續自學。她同時也是一位自由工作者，為出版和動畫領域的客戶提供服務。

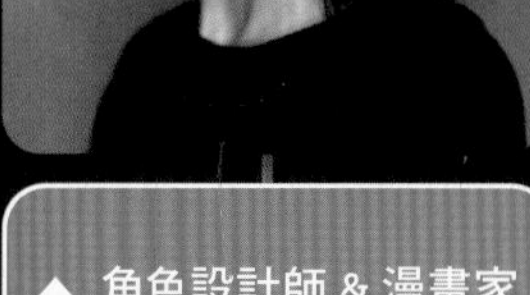

▲ 角色設計師 & 漫畫家

## 馬克斯 · 烏利希尼
**(MAX ULICHNEY)**
Maxulichney.com

來自美國洛杉磯，目前擔任插畫家與動畫藝術總監，同時也是知名的 Procreate 筆刷設計師！馬克斯以自己的品牌「MaxPacks」推出了各式各樣的獨創藝術筆刷，全世界的 Procreate 使用者，無論是專業人員或初學者，幾乎都購買過他設計的 Procreate 筆刷。目前他最期待的事，就是即將創作出自己的第一本繪本。

◀ 插畫家、藝術總監 &
MaxPacks 筆刷設計師